U0683302

别让生活消耗了你的美好

BIE RANG SHENGHUO XIAOHAOLE
NI DE MEIHAO

〔美〕奥里森·斯韦特·马登◎著
韩博雅◎译

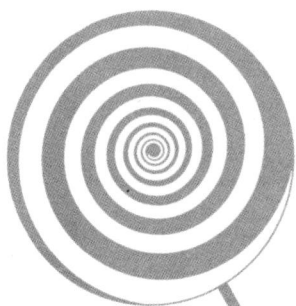

北方妇女儿童出版社

长 春

版权所有　侵权必究

图书在版编目（CIP）数据

别让生活消耗了你的美好 ／（美）马登著；韩博雅
译 . -- 长春：北方妇女儿童出版社，2015.8
  ISBN 978-7-5385-9318-1

Ⅰ . ①别… Ⅱ . ①马… ②韩… Ⅲ . ①人生哲学－通
俗读物 Ⅳ . ① B821-49

中国版本图书馆 CIP 数据核字（2015）第 127479 号

出 版 人：刘　刚
出版统筹：师晓晖
策　　划：慢半拍·马百岗
责任编辑：张晓峰　苏丽萍
封面设计：回归线视觉传达
版式设计：颜森设计
开　　本：700mm×1000mm　　1/16
印　　张：13
字　　数：187 千字
印　　刷：北京盛华达印刷有限公司
版　　次：2015 年 8 月第 1 版
印　　次：2015 年 8 月第 1 次印刷

出　　版：北方妇女儿童出版社
发　　行：北方妇女儿童出版社
地　　址：长春市人民大街 4646 号
　　　　　邮编：130021
电　　话：编辑部：0431-86037512
　　　　　发行科：0431-85640624

定　　价：32.80 元

|目录|

| 目录 |

| CONTENTS |

| 目录 |

01

向好的方向期待生活——
美好生活的最高状态就是：一边行走，一边期待

看得见未来的人才有未来

养成总是看到生活美好的一面的习惯，会给你带来无尽的乐趣。不要在脸上挂着一副闷闷不乐的表情，要给每个人的世界带去欢乐。要学会对美好充满期待，并以此来慰藉心灵，让自己的心更加宽广。如果你学会了从期待的方向出发，那么你就能准备好迎接那些美好的事。世界上没有人能够在那些自己不喜欢的事情上有所成就，觉得自己无法胜任很多事或对仅仅按照自己的预想发生的事才有掌控力的人是无法做出一番事业的。而那些一直期待成功的人，一直在试着为自己的生活打开一扇更加宽广的门，拓展自己有限的知识，让自己站得更高，走得更远。他周围有着足够的资源激励自己成为更加高尚的人。他一直在寻求提供最好帮助的环境。

　　类似"造就天才的秘诀"的错误理论是年轻人成长和成功路上最大的绊脚石。就像一颗芥末种子拒绝成长，是因为它永远无法长成大树；又或者像一棵葡萄藤不会努力舒展自己的卷须，是因为它永远无法长成橡树；就像一个男孩浪费了宝贵的年华而犹豫不决，是因为他对自己的才华不确定。橡子的责任就是成为橡树，不是松树，不是玫瑰。世界上所谓的真正的天才要比那些所谓的天才多，而那种天才就是约书亚·雷诺兹宣称的"一种卓越的力量，已经超越了艺术的禁锢，不是决心和努力就能够达到的"。有时，普通年轻人会觉得，那些人头顶天之骄子的光环，有着超凡的天赋，做事毫不费力，因此打破了凡事都要坚持勤勉的定律，他们拥有一种能够点石成金、与自然相媲美的能力。其实，一个人越快挣脱心灵的枷锁就越好。

　　很少有真正成功的人可以给出一个令人满意的解释——为什么他们能够追求到自己想要的。他们仿佛被一种无形的力量驱动着，只要跟随那道最闪耀的光芒就可以了。

　　没人能够在最开始就看到终点。即使提前越过起跑线，也仅仅是领先几步而已。若是没有一个在远方的启明星指引和召唤，仅仅是跟随着手中的灯笼，照亮的只是眼前的几步路，只够感受下一步的安全而已。在这之外处处都笼罩着迷雾。但是坚持向前走，灯笼就不会熄灭。

　　当我们确定路线正确，那就没有必要去做关于未来的长长的计划；没有必要给自己再添怀疑、恐惧这种麻烦——同一时间我们只能做一件事。

在生活中关于努力有一句永恒的箴言：没什么事能够一蹴而就，所以每一天都努力做到最好，自己决定眼前的每一天，至少，梦想不会倒下，而是始终能够激起我们的渴望——这就是正确的生活方式，正确的性格培养方式。

没什么能够比持续的努力奋斗更加锻炼身心、开阔思维、提升气质的了。

不管你的工作是什么，或者你将要做什么，请把梦想融入进去。一直往前奔跑，可以激发自己的灵感，或者产生一种安全感——让你知道你一直在接近卓越。

每个人都喜欢有追求的心灵，不管遇到什么困难，向前看，不会失望，不会失落。

人们总能迅速区分出一个壮志凌云的和一个卑躬屈膝的心灵。在那些充满希望的人身上总能感受到那种不言而喻的迷人。他身上总是有一种高贵的品质，不管他正在做什么，也不论他是国会议员还是铁匠。

梭罗问道，"你有没有听说过，哪个人倾尽一生兢兢业业地朝着一个目标努力奋斗，却没有达到目标？如果一个人一直奋斗，他能不提升吗？有没有哪个人敢于冒险，又努力做到宽宏大量、慎独和虔诚，最后发现这一切都没有用，就觉得这是徒劳？"

努力终会让你升值，然后让整个生活都变得有意义。

大多数人因为自己错误的思想、卑劣的理想和不成熟的生活，给自己的周围建立起高墙，让我们脱离了真正美好甜蜜的生活。这面墙是由批判、吹毛求疵和一味悲观组成的，还掺杂着焦虑不安和重重困难。我们给自己建造的这面墙那么高，以至于它把所有的阳光都挡在外面，我们生活在完全的黑暗中。没有人可以穿过这面墙看到外面的世界。

别把梦想硬塞在现实的框框中，要把现实放入梦想的格子里。

灵魂必须接触到理想，是目标修饰了性格，塑造了生活。目标就是这样影响着你的情绪，辅助着你的行为，决定着你的命运，使你的整个生活都在朝着你向往的方向发展。如果你的目标定得很低，生活就会走下坡路；如果目标定得长远，你就会努力奋斗。如果你始终跟随着光的指引，那么你的一切能力也会相应提高；如果一心向暗，那么你的生活也会堕入黑暗。

最高目标会让你改变自己的面貌去适应它，这会在你的言谈举止中透露出来。我们在努力地达到要追求的目标时，认识我们的人都能看得出我们的努力，因为我们身上散发着这样的气质。我们想要在生活中表达的东西其实已经在性格中表达出来了。我们的毛孔中就散发着我们的所有渴望。我们的理想还能在每一次志愿服务中体现出来，这从我们的书写和谈话中也能透露出来。那些理想在一点点变成现实，通过我们的每一个行为慢慢勾勒出了轮廓。

教育和文化的真正目标就是弱化恶的人性，来塑造真正的人。能否成功，取决于你是否在生活上有崇高的目标。

一个伟大的灵魂绝对不会是从一个粗浅卑劣的目标中培养出来的。不断地寻找更高的目标是那些希望变得有教养并取得真正成功的人的必修课。人性只会在阳光的滋养下成长。一旦成果遭到狭隘、卑劣和自私的侵袭，那么就会杀死变得完美的目标。

教育和文化的最高目标是培养一个人的高贵灵魂，这样他不仅能够变得热情、睿智、有远见，而且能够开阔心灵，维持身心平衡，宽容友好、乐于助人。

真正受到良好教育的年轻人会自然而然地表达自己生活中的原则，他会意识到，其他人并不是仅仅为某个好处而活，他会知道，人们之间最好的进步就是相互影响。如果一种教育没有达到这个效果，没有给生活带来甜蜜、阳光、和谐和力量，那么就相当于没有教育。

在众多人的价值观中，有一种成功是商业上的成功，生活中还有一种完全不同的成功。很多人都会在商场上战败，却拥有一份成功的生活——以自己的最高理想生活。那些能在任何情况下都可以做到最好，能够最大化运用自己的能力和机会，能够帮助助手去完成他们想要做的事，能够在任何场合都表现出最出色的自己，能够高贵真诚地对待自己的友谊，善良有爱、宽宏大量地对待自己的朋友的人，才是真正成功的人，即使他甚至可能没有足够的钱来支付自己葬礼的费用。

很多以财富来判断自己是否成功的人，却在追逐自己真正的理想时失败了！他们在奋斗的过程中有能力买到他们想要的所有的东西；而那些真正富有的人，把全世界的钱都看成是可笑的诱饵。

人不是动物，吃喝拉撒并不是生活。一个人不可能仅靠面包过活，真正有魅力的人会努力成为一个全面发展的人，这些人在追求真正的美的同时，能够发现，崇高的灵魂比那些对物质生活的需要更加迫切。这是灵魂的天性，就像割草机对于草坪和树木一样，促进他们成长。

当我们看到一个男孩或女孩利用所有业余的时间和假期来进行自我提高，当我们看到他们利用零零散散的时间来丰富自己，而其他人却把这些时间弃如敝屣，我们就相信他们能够变得羽翼丰满。不管在哪儿，看到那些把自己发展到最好的人，即使没有机会也会自己创造机会的人，我们相信，总有一天他们会得到丰厚的回报，他们会拥有伟大的魅力。

世界上还有比看到一个年轻人能够踏踏实实地自我提高更令人欣慰的事吗？他努力让自己的生活更加宽广、更加有趣、更加真实，他每天都在试着超越自己。

没有什么比自我提高的过程更有意义了。如果你把时间用于乐善好施，用于撒播爱心，用于帮助每个你遇到的人，让他们也有所提高，你的生命就会每天都很甜蜜，充满成就感。

这才是真正永垂不朽的财富，这些财富野火烧不尽，洪水冲不走，更不会被恐惧吓退——这是从高贵性格继承而来的财富。这是人格的一部分，像金子一样不怕火炼。这种高贵的品质不可触摸，更不容侵犯和玷污。

02

让别人闻到你的香气——
你没办法改变世界的不美好，但至少可以决定自己是美好的

🍃 世界上最磅礴的力量就是寂静的爱

和煦的阳光静静地洒向大地，露珠默默滋润着小草，让嫩枝抽出新芽，迎接生机勃勃的未来。这样温柔的爱比狂风大作、电闪雷鸣更利于万事万物的发展，更利于推动世界前行。

世界上最磅礴的力量就是寂静的爱。

有一种女人总是在苛责，唠唠叨叨个不停，经常吹毛求疵；而有一种女人脾气温和，耐心友善，用爱让整个家庭沐浴在一个和谐美满的氛围中，这两种女人给男人的感觉，甚至对整个家的贡献都有着天壤之别。

一个坏脾气的女孩儿或女人破坏的不仅仅是家的和谐与温馨，还会影响整个邻里关系。如果世界上有苦命的人，那他一定是一个无法控制自己脾气的人。如果一个年轻小伙子娶了一个坏脾气的姑娘，他可能还不知道给自己带来了什么样的麻烦。

　　一个冷静、沉着、好脾气的女人，有着优秀的自控力，即使她平凡甚至毫无特点，但是绝对比那种虽聪明伶俐、魅力无穷却有着坏脾气的女孩儿更加适合做妻子。

　　"亲善"，就是在家、在社会中营造一个和谐的环境，让自己健康长寿，充满幸福感。

　　每一个医生都知道，易怒、无法控制情绪不仅会影响寿命，同时也会通过身体显现出某些症状来。

　　没什么比外表艰涩曲线粗陋看起来更加让人感觉不适了，坏脾气不仅扭曲了女人的脸庞，也扭曲了男人寻找的平静安详、轻盈可爱、圣洁纯真的地方。

　　坏脾气是美丽的毒药，女人会为之付出代价。坏脾气会迅速把妩媚的脸庞变得丑陋不堪、令人厌恶。坏脾气只会扼杀甜蜜和美好。有些著名的医生甚至认为发一段时间脾气会让女性的寿命减少好几年。当然，这也适用于男性——即使发脾气的伤害对于女性更加严重和显著。女人往往把自己的青春和美丽看得高于一切，却没有意识到，每次她在发脾气、吹毛求疵、嘲笑讽刺别人，以及在巧舌如簧地搬弄是非的时候，都会留给人们永久的印象，甚至长过她逝去的容颜，因为即使发完脾气，这些影响也会一直存在。

生理学家和医生都认为，容颜可以敏感到首先感知并记录人体神经系统的任何干扰及外在的影响。神经系统的能量就是运用在了每一次发火的坏脾气上。

浑浊无光的眼睛、松弛不堪的肌肉会向人显示你的坏脾气，更不消说那些显而易见的皱纹，这些都会揭露你所处的身心状态导致的糟糕状况。

如果有一件事最受人们关注，那就是和谐的爱——身心合一的慰藉。一个长久的平静温馨的家是大多数人的愿望，而坏脾气有可能会引爆哪怕最轻微的恼怒，这几乎是整个家庭关系的定时炸弹。

不幸的是，学校似乎并没有重视"亲善"教育，并没有意识到这种美好的性格会让社会和谐，会让人们健康长寿，充满幸福感。

我们都知道，那些出色的人往往都有着惊羡的才能，能够将平常的白开水变成醇香的美酒。有些人把他们的生活变成醋，有些人则变成蜂蜜。而有些人的心中仿佛有一台设备，能够将沉郁的色彩变得华丽鲜艳。

他们的存在就像是大力丸，可以让整个系统充满活力，并且帮助人们承担起自己的责任。他们的到来仿佛能让整个家都从长时间的阴霾冰冷中走出来，沐浴在阳光下。他们仿佛给整个系统都注入了活力。他们的微笑带着魔力，驱散每一个看到他们的人心中的迷雾、阴霾和绝望。他们让自己男性或女性的魅力值持续飙升。他们让大家畅所欲言，并能展现未来。他们是健康的保健品——让消化不良无处遁形，提高你对生活的渴望。

而有些人的作用却恰恰相反，他们的存在就是带来消极和郁闷。有些人只能感受到公司里的冷眼相待，周围的一切都是冰冷和拒绝。他们拒绝思考。和他们在一起时，我们也无法思考甚至会感到拘谨。他们的讽刺嘲笑、诽谤诋毁甚至悲观的排斥，一个个都展现在面前，让他们逃避而退缩不前。

我们知道，当一个女孩儿深刻意识到自己身体丑陋、缺少魅力的时候，就会下决心让自己的性格变得更加美好，更加有礼貌，让自己变得更有教养，更爱生活。或许人们就会忘掉她身体上的缺陷。即使她有着最奇怪的面容，翻鼻子、斗鸡眼、硕大的嘴巴以及一点都不性感的身材，但她是一位真正的"女士"——能够从容地克服大多数女孩儿的担心：由于生理缺陷造成的郁闷悲观。令人厌恶的心理缺陷，让自己活得一点都不开心，还想，谁来了解我，爱我。没有人有空体会到她的这些小心思，这也是她人际关系的绊脚石。但是，通过成为一个优雅恭顺有教养、耐心包容有原则的人，让人们彻底忘记了她平凡的容颜。当她轻轻对你说"你真有魅力"时，你会不由自主地感受到无法言说的言谈举止在深深吸引着你。这并不是争奇斗艳，而是真诚心意的表达。她让你觉得她对你有浓厚的兴趣，就像以前在生活中她见到的很多人并没有留意过的美好事物一样。她还让你感觉到她对你的言谈举止也非常欣赏，她会问你的理想抱负，你今后一段时间的打算，等等。就这样，她用自己优雅恭顺的举止、充满生机活力的精神以及开阔的视野、独特的经历俘获了你的心。

这才是真正的美人，并非只是昙花一现地美丽几年，而是让美丽永驻，不随时间流逝而褪色。这种美丽不仅仅是生理上的美丽，在某种程度上来说，这是从最平凡的女孩儿身上也能找到的美丽。这种美丽会愈加醇香，而不是随着年龄的增长就消失无踪。拥有阳光心态的人总是能随时充满活力、充满感恩和充满同情心，年龄的影响对他们来说微不足道。不管你多么平凡，都可以去挖掘灵魂的美丽，这种美丽远远超过外貌的肤浅。这仿佛是一种精神的代言，时间无法使其失去光泽。这种美丽会感召所有你身边的人。

众所周知，一个平凡到不能再平凡的老妪，即使她年过八旬，她眼中闪烁着的那无与伦比的光芒，以及那优雅的言谈举止，也时刻吸引你。殊不知，她在还是小姑娘的时候就决心改变自己，弥补因为平凡而失去的东西。她的缺点仿佛成了激励她做出改变的催化剂，于是她成功了——即使她变得老态龙钟，外表的美丽不复存在，但是她有着不会消逝的人格之美——始终体贴优雅，脸上永远挂着如少女般可爱的笑容；好的文化素养，安详宁静、高贵端庄，透过她的言谈举止展露无遗。事实上，她只是把以前的丑陋拿来酿成了魅力。

哦，谁能估量那些从良好性格得益的财富，一种充满香味的精致生活萦绕在周围，仿佛能给每一个踏入的家庭、每一个接触的生命带来喜悦和开心。这样美好的性格把阳光洒向他们到过的地方，因为他们的存在，阴郁和气馁无处遁形；那些粗鄙、残酷统统落荒而逃，就像太阳升起逼退了黑夜一样。所以，人类能够达到的最大成就就是每天快乐地生活，这些都来自于自己修炼而成的美好精致的人格魅力。相比之下，金钱、房子是多么俗不可耐啊！在人格魅力面前，所有事情仿佛都黯然失色，她仿佛有种魔力，能够吸引到真正的友谊，并产生非凡的力量。

让别人闻到你的香气

一个拒绝给予、拒绝分享的人，就像愚蠢的农民害怕自己的玉米遭遇来年的干旱造成损失而不去播种一样。农民认为他应当把那些玉米放到食槽中，以防腐烂在田地里；更何况，他还没有为过冬做准备。谁料想，干旱并没有来临。结果，农民只能饿肚子，而他的邻居都因为春天的播种而获得了大丰收。

一个非常著名的慈善家曾经说过，他所拥有的都是他给别人的，于是，剩下的财产都是失去的。我们给予出去的东西拥有一种神奇的力量，就是能够价值翻倍甚至翻四倍地返回来。这是世界上最棒的投资——价值回报呈几何级数增长。尽管去付出、付出、再付出！这是唯一不让自己变得清淡寡趣，或者像个蔫儿了的橘子无汁干瘪的途径。

　　自私就是自我毁灭。一个从来不帮助别人的人，面对需要帮助的人，紧紧握着自己的钱包无动于衷，告诉别人他只能处理自己的事务，永远不会给自己的邻居出谋划策，只把手头的资源据为己用，一心只想着得到却不付出，这就是为什么他们像朵玫瑰花一样注定枯萎衰落，直至变得渺小、粗鄙、卑劣。

　　我们都知道，那些贫瘠渺小的灵魂从来不懂得给予，只知道闭门造车，吝啬贪婪，从来都不知道保持同理心，到最后只能失去他们试图为自己积攒的钱财。他们冷漠残酷，死气沉沉，他们的同理心仿佛被榨干了一般。他们无法感知喜乐或忧愁，或是更加高级高贵的人类的情绪。他们的灵魂因为自私和贪婪变得冷酷无情，而且愈发心胸狭窄、尖酸刻薄，以至于连一句温暖的话语、一个浅浅的微笑都不敢表达，仿佛这样做了他们就会让别人抢走什么似的。就这样，他们失去了给人们带去阳光和快乐的能力，根据不变的定律，他们注定什么也得不到。

　　一个强壮的人看到一个羸弱不堪、不擅长运动的人在健身房锻炼的时候对他说："小伙子，你把你的精力消耗在这些双杠啊哑铃上不是很愚蠢吗？你看你的身体那么虚弱，应当保存体力去做正事儿。你可不该这样浪费你的宝贵精力啊。"

　　"哦，但是先生，"那个小伙子回答道，"你不知道锻炼涵盖着一个智慧箴言吗？提高我的力量水平只有一条路，那就是先付出努力。我在锻炼时付出了我的力量，今后会因此得到更多的收获——我的肌肉因为付出努力去锻炼而增长。"

付出能得到，吝啬却失去！这是一个定律。

"我要收起我芬芳的花瓣，守住我珍贵的花香，这可是阳光和露珠对我的赞美，"自私的玫瑰花蕾说道，"散发美好的香气给那些鲁莽的路人简直是浪费。"但是，快看，这个玫瑰花蕾刚准备收起花瓣，守住自己的馥郁不让别人吸收了免得浪费的时候，她却枯萎凋谢了。

"我要让别人也闻到我的香气，"这株慷慨的玫瑰说道，"我要让每一个从我身边经过的人都看到我的美丽，闻到我的芬芳。"于是你看，这株玫瑰正在甜美地怒放，将美丽蔓延出去，而这都是她之前从未想到的。开始，她可能只有一点香味，但是当她想要把这仅有的芬芳贡献给世界的时候，她吃惊地发现，不同的香气正像潮水一样向她涌来。她就这样沐浴着阳光雨露，扎根在肥沃的土壤上，变得愈发娇艳美丽。

助人为乐是一个优秀的习惯，哪怕只是给报童、餐厅或酒店的服务员、列车乘务员、电梯服务生、家里或者办公室的保洁员、家庭不和睦的贫贱夫妻、在公园长椅上吵架的情侣说一些正能量的话语，就是这些，让我们的生活更加宽广，更加高贵，让我们的人格像芬芳的玫瑰一样更加高尚，更加美丽。这种给予带来的回报是不可估量的。

　　我们在哪里都能找到机会去付出，我们在哪里都能找到需要鼓励的人——那些重压下心碎的人，那些需要理解的人，那些需要一臂之力的人。我们无法知道通过我们的善举播下的种子会产出什么样丰硕的果实。展现你的同理心、你渴望帮助别人的热心，一只援手就能给那些灰心丧气的灵魂满满的希望和鼓励。一句温暖的话语，一句及时的鼓励，就有可能成为很多人事业失败边缘的转折点。

　　这些都是金钱难以买到的珍贵礼物，散发着"给予"产生的力量。一个把所有钱都花掉为了换一张纸和一枚邮票，想给她祖母在圣诞节送去一份节日祝福"亲爱的祖母，我爱你，我爱你"的小姑娘，教给我们生动的一课。

　　去付出吧，付出你所有的，同时也给你自己一份礼物。这种博爱是世界所需要的，"送人玫瑰，手留余香"。

03

你的习惯性表情是什么？
如果只有一种表情的话，那就笑吧

你平时最经常表现出什么表情呢？是酸腐、郁闷、咄咄逼人，还是尖酸刻薄、冷酷无情、斤斤计较？你是不是总是摆出一副恶犬的表情，面对食物露出垂涎的贪婪，显示出自己贪得无厌的本性？你穿过同事、人群时是否总是一副阴沉的样子，脸上乌云密布，沮丧失望？或者你是否总是一副阳光灿烂的样子，向周围散发美好的希望？当你接近人群的时候，他们是不是因为你的到来而充满欢乐？抑或远远就躲着你不说，还起了一身鸡皮疙瘩？

对你、对那些你能影响的人来说，你展现不同的表情，得到的效果也完全不同。

　　我曾经在一个天天面带微笑的人手下工作，不得不说这微笑的确是他的财富。不管他内心感到多么愤怒，你都无法从他脸上看出来。这好比一个火山马上就要爆发，但是他脸上还是一脸的平静安详，甚至是满满的微笑。他的嘴角总是向上翘着，仿佛他收到了什么好消息想要迫不及待地告诉你一样。

　　很多人都好奇他是如何成功的。他们认为，他的成功远远超出了他的能力范围，但是毫无疑问，很大一部分原因是那独一无二的微笑从来没有从他脸上消失过。这使得很多朋友都围绕在他身边，同时还赢得了很多客户的信任。

　　习惯去微笑真的有一种力量，这种力量不仅仅可以赢得朋友，带来客户，还不可估量地影响着一个人的生活。不懈努力地让自己充满活力，与人为善，细致体贴，保持绅士风度，这样不管心里多么愤怒，都能让自己保持一个良好的心态。

　　我认识一位女士，无论走到哪里，她都把"让自己的生活时刻充满阳光"当作一种习惯。她说，微笑又不会损失什么。以至于所有约会时等她的人，或者为她做事的人都会感到非常荣幸，因为他们总能得到那种无法言喻的甜美微笑作为回报。

　　一路走来，生活中充满了希望而不是绝望，鼓励而不是气馁，让无论是报童、擦鞋童、客车乘务员、办公室勤杂工、电梯服务生或其他进入生活的人，都能得到一缕阳光，有强烈的存在感，那是多么令人满足的事啊！

当你买报纸的时候，擦鞋的时候，把行李交给电梯服务生的时候，或者给客车乘务员一点小费的时候，给他们一点微笑，你什么都不会损失，却又让这些人感到你有一颗温暖而美好的心灵。对于我们来说，问候比那些所谓的美好的事情要重要得多。这是生活上小小的变化，所以尽可能去朝人们微笑吧。你付出越多，收获越大。

04

守心与护心——

心随境转是凡夫，境随心转是圣贤

只有那些"纯洁的心灵"可以"遇见上帝"

我曾经认识一个小女孩儿，她说："我感觉特别幸福，因为每个人都那么爱我。"所以她不知道为什么有那么多人感觉不幸福。其实，每一个人都爱她是因为她也爱每一个人。她常常跑到田野里为生之喜悦而鼓掌欢庆，仿佛鸟儿、花儿、草儿都在向她说："要幸福啊。"

为什么我们不能像她一样感受到爱呢？每一个人甚至自然界的每一种事物都是一种神圣的存在，如果我们用天真无邪的眼光看待事物，而不是通过自己丑陋如玻璃般的想法和邪恶的生活方式去扭曲事物，我们就可以认清现实，得到启示："快乐起来，就会成功。要保持和谐的状态。"既然我们如此平凡，我们更要满足和感恩于现在美好生活带给我们的喜乐。

当人们都能认清事实，在真理下生活的时候，世界将没有贫穷，没有磨难。

每个地方都似乎能看到那些不和谐的嘴脸，他们散发着刻薄、贪婪、急切、自私的气味。这些人离静默的美丽和良好的形象越来越远；这样的不协调根本无法在美好的和谐中立足；这样的嘴脸简直与那些花鸟、森林、草原——在散发着的美好的气质大相径庭。

如果有一个外来者看到我们富饶美好的地球上竟然有如此嘴脸的人，可能就会觉得，他们仿佛是从外星球来的，而不是这个美丽的地球的产物。

无论是自私、贪婪还是罪恶，都是我们生活中不协调的音符，都不可能在快乐的国度中有一席之地。他们仿佛是和谐生活的入侵者。所以，世界上所有错误均来自于错误的思考方式和邪恶的生活方式。

只有那些"纯洁的心灵"可以"遇见上帝"；只有那些如水晶般晶莹剔透的灵魂能够遇见真理，感受美丽。一切邪恶的念头、错误的想法、罪恶的行为都为人们的眼睛蒙上了一层假象，我们必须把这层假象剥离下来，让人们在看到世界之前能够正确思考，正确生活。

自私的阴霾、欺骗的迷雾、人前人后贪小便宜的陋习都应当在生活中除去，还生活一片清净和纯洁。

很多人利用这些陋习寻欢作乐追逐利益，他们在精神家园里完全迷失了方向，眼睛被完全蒙蔽，只看到那些野蛮的物质。透过自私的折射，一切都是那么黑暗肮脏、贪得无厌、言而无信。

人们往往通过自己的行为、自己的思考以及自己的目标来树立起世界观。这种世界观应当坚持中庸之道。生命中的每一个动作、每一个想法、每一个目标，都一一在眼前呈现，我们只能通过它们看到这个世界。如果你行为端正，思想澄澈，目的真诚，那么就会有好的结果，并且会看到现实和真相的美好，而非扭曲丑陋、邪恶可怕的样子。我们必须把眼前的偏见去掉，这样才能给自己一片广袤平静的视野。

"你应当尽情绽放，散发芬芳"

据说自然创造玫瑰的时候，它说："你应当尽情绽放，散发芬芳。"这也是自然给我们的指示——我们冲破平静来到这个世界，"当我们一路前行，就要散发芬芳、散播美好、散发阳光，因为我们或许永远没有办法再回到这条路上来。"

你有没有意识到，有多少朋友、生意上的老客户是被你习惯性的尖刻、排斥的情绪和无礼的举动驱赶走的？每一个人都在试图走出阴霾沐浴阳光，远离冷酷趋向温暖。每一个人都在寻找光明，远离阴暗。每一个人都希望能远离无序，身在和谐。

如果你能领会并不断实践乐观的艺术，你就会改变你的整个世界。尽管去做吧，让乐观的心态成为你天性的一部分，不用一年你就能形成习惯。这将会让你的整个生活焕然一新。你将会吸引那些你现在排斥的人，很可能温暖那些现在你觉得冷酷无情垂头丧气的人，甚至今后你会为他们的改变而喝彩。去比较一下阳光的力量和阴霾的影响吧，你就会理解为什么乐观是一种艺术。世界上的一切生命、一切力量都在储存阳光的能量。黑暗的地方没有希望，无法生存。为什么我们总喜欢那些积极向上的人呢？因为他们总会给我们新的灵感，让我们恢复信心。所以我们会自然而然地靠近他们，就仿佛向日葵总是把小脸冲向太阳。我们也会自然而然地避开那些阴暗和乌云密布的地方。那些阳光喜乐的灵魂就是上天的恩赐，那些总是挂着阳光笑容的脸庞会得到永远的庇佑。

我们创造了这个我们生活的世界，创造了自己生活的环境。有些人生活在自己建造的地下城中，总是抱怨潮湿黑暗。这就是那些悲观主义者的典型——看到的都是黑暗、绝望、灾难、堕落和世界的倒退，他们很难和那些乐观主义者相提并论，因为那些乐观的人总是能看到事物最好的一面——他们看到的是伟大的自然创造了活生生的人，而不是那些四处流窜横行的疾病和罪恶。在这些人眼中，自然创造的世界总有独特的美丽、和煦的阳光、美好的希望与憧憬，而不是丑陋和畸形，他们将自己的修养升华，远离残暴粗鲁。就是这些和蔼的面孔散播着平静、安详、希望和憧憬，比那些只会向世界索取却连一个微笑也吝啬、整日忧心忡忡冷酷无情的人，分担着这个世界更多的压力。

　　我们营造的这种氛围，最终会主宰人们的思想，会让人们展望自己以后的生活，制定生存的法则。我们生活的这个世界，就是在反映我们自己的生活状态。世界映射着我们自己的言论和思想。如果我们悲伤郁闷，她就会让我们陷入绝望和气馁，毫无希望；如果我们时刻绽放笑脸，常怀感恩之心，她会把同样善意的世界展示给我们。

　　一个人在哪儿都能感到快乐，那一切对他来说都充满了喜乐和幸福。他会发现每个人都那么善良体贴，每个人都很乐意帮助他，愿意为他效劳，展现自己的善意。如果是一个烦恼焦急的人，总是抱怨和吹毛求疵，眼中没有欢乐，觉得整个世界都是冷酷荒凉、严峻险恶的，那么他也无法找到生机。

　　整个世界其实就是一个回音廊，她会把我们的抱怨或是赞扬统统回应给我们；世界就是一面镜子，时时反映我们自己真实的面容。

05

经营自己的朋友——
一个人能走多远，看他与谁同行；一个人有多成功，看他有谁相伴

林肯除了一群好友什么也没有

"朋友是彼此的镜子，应当比水晶更剔透，比山泉更清澈，没有阴云，没有矫饰，更没有谄媚。"

"林肯除了一群好友什么也没有。"一位年轻的伊利诺伊律师经常说道。虽然林肯没什么钱，但是他有丰富的友谊，并且他的成功在很大程度上是因为朋友的帮助。"攻其心，援手和财富自然而来。"这是伯利勋爵的警世恒言，也是一个很好的社交原则。

一个初出茅庐的年轻人拥有的最好财富是他的朋友。朋友们可以强化他的信用，支持他做出的努力，不会让他感到无助。好的朋友会帮助他更多，让他更加幸福，更加成功，这不是钱或者学问能够带来的。

当加菲尔德进入威廉姆斯学院学习的时候，他和学院院长马克·霍普金斯建立了友谊。几年以后，加菲尔德成为美国总统，他说："如果我可以回到我的少年时期，一方面我在学校中有巨大的图书馆让我在书海中徜徉，有按部就班的教授教导我；另一方面，二十年前，我还有像霍普金斯博士这样闪闪发光、拥有丰富灵魂的人教导我，可以说我在霍普金斯博士课上所学到的东西远比其他照本宣科的教授课上学到的多得多。"

查尔斯·詹姆斯·福克斯的家庭教育非常不幸，他的很多缺点也是通过做埃德蒙·伯克的助理改掉的。

历史，神圣而又可畏，充斥着友谊对一个人性格的影响。

"你生活的秘密是什么？"伊丽莎白·巴蕾特·布朗宁问查尔斯·金斯利教授，"请告诉我，这样我也能让我的生活更加美好。""因为我有朋友。"金斯利教授回答道。这就是美好成功生活的秘密。很多人都经历过那些失去勇气的日子，无法触及自己的目标，但是因为朋友们的鞭策和鼓励，让他们看到了崭新的世界。数百位功成名就、享誉全球的人，总是把自己的成功归功于自己的妻子、母亲、姐妹或者其他朋友的鼓励。

平常人很少意识到他们的物质生活一部分得益于他们的朋友，他认为自己的成就全部归功于自己，炫耀自己强大的洞察力、判断力和努力工作。

但是，如果我们把我们生活中朋友给我们直接的或者间接的一切全部剔除掉，把他们给我们的灵感、帮助都排除在外，如果我们扣除所有他们鼓励的语言给我们带来的名望，忽略他们帮助我们争取的机会，就会发现，我们的成就大幅度缩水。

有一位年轻的律师在开始自己的业务的时候，有很大一部分时间是用来经营自己的朋友，其实这是他做的最明智的事情。每个人知道他想要做的事后就都会去帮助他成功。他的朋友会告诉其他人他们确定他会功名显赫，以后在立法机关、国会或者最高法院看到他时不要太惊讶。不管他有多么厉害，多么出色，或者多么精通法律，如果这个律师没有这些帮他口口相传的朋友，极少人会把自己的案件交给一个没有任何经验的年轻人。

同样的，一个年轻的医生也是在自己创业之初，所有的朋友都觉得帮助他是件冒险的事，他们对他的医术充满信心，但对于一个技艺并不娴熟、经验也不丰富的人来说，引导病人信任他是相当困难的，甚至对于做好万全准备的人来说也是很困难的。他们赞叹他的医术，他们告诉他，他对自己的怀疑是多余的，他们随时会给他帮助。不久，他周围的社区都看好他，当然，他也有了很多慕名而来的患者。

另一位年轻商人创业的例子仅仅和之前的作家、律师或者医生有行业上的不同。不管他在交易中有多么诚实、多么正直，他还是默默无闻。他开始迎合大众的口味来开辟自己的道路。商场上的准则是："消费者的口碑是最好的广告。"这也成了朋友间的价值因素，这样人们就会在无形中宣传他的店铺和产品。

然而，很多人认为朋友是用来提高自己物质利益的工具，这是看待朋友最低劣的眼光。如果用商业的眼光去挑选朋友，那么我们自己就不配拥有真正高尚的灵魂和获得真正的友谊。

命运是由友谊决定的

朋友价值的衡量和人格上的影响有很大关系。西里斯博士说过："命运是由友谊决定的，财富是一个人年轻时候选择的伙伴成就的或者毁灭的。"我们自己的性格也是受到周围朋友的影响。我们沾染上他们性格的颜色，或黑或白。我们吸收他们的品质，高贵或猥琐。查尔斯·金斯利说道："人如果和骗子在一起，他会变得虚伪；如果和傲慢的人在一起，他会变得愤世嫉俗；如果和贪婪的人在一起，他会变得吝啬；如果和虚假的人在一起，他也会变得虚假，甚至连脸上的表情都会一样。"

比彻说，罗斯金的著作使他有了巨大的改变。我们最好的朋友往往是作家。一个人一旦被高尚的友谊打动过，领略过崇高的心灵，被神性启发过，他就不再是以前的自己，仿佛神赐予他一道光芒，使他领悟了真正的自我。这是我们通过读书遇到的友谊。

有些人像开心果或者鼓舞的清风，让我们觉得自己又重生了一般。在他们的启发下，我们会去做很多我们之前想都不敢想的事。一个人能够被思想激励，被器物激励，被智慧启发，打开所有语言和感受的闸门，唤醒心中沉睡的诗意。如果有人浇灭了我们的热情，关闭了我们前行路上的大门，让我们回到狭小的圈子中，那么这种人散发出的就是一种寄生的氛围，宣扬的是那些"矮子"般短浅的言论。

爱默生说："我们高管喜欢的人，是那种在生活中愿意支持我们去努力的人。这就是朋友应该提供的援助。我们和他在一起会感到很自在。不管是有什么特质的人，我们都觉得他散发着崇高的魅力。他能够让生存的大门变得宽广，仅仅几句话就能对他有一定了解。这才是真正的搭档。一个真正的朋友让我生命的可能性翻了番，他的能量加入到我的生命中，让我的生活充满不可抵挡的前进动力。"

朋友的激励成为人生转折点的例子数不胜数。多少麻木堕落的男孩儿、女孩儿被关心他们的导师或朋友从失败和不幸中拯救出来，不光别人可能看不出来他们的变化，就连他们自己都没有感觉到。那些爱我们、帮助我们而从不摧毁我们自信心的人，让我们的力量加倍、成就加倍。他们的存在，使我们感到无比强大的力量，仿佛没有什么困难能够阻挡我们。

很多现代人都怀念飞利浦·布鲁克斯。他让一个人的生命充满了信念和可能性，他激励着很多平凡的年轻人去实现自我价值，去感知自己沉睡的力量，让他们觉得自己如巨人一般，去做一些他们曾经连想都不敢想的事情。他让人们觉得，当你往下看的时候你可以向上看，当你卑躬屈膝的时候其实你可以在天空翱翔，当你胆小如鼠的时候其实你可以做到更好。

是啊，没有哪些激发你价值的伙伴能像真正的朋友一样！就像古罗马政治家西塞罗说的那样："他们把友谊从人生中带走，就如同把太阳从世界上拿走，那时我们就再也得不到更好的、更愉快的东西了。"

🍃 如何经营你的友谊

友谊不是单方面的事，而是两颗心的交流。没有一份友谊不是互惠互利的。一个人不能索取所有却从不付出，或者倾其所有却收不到回报。所以我们都希望能够体验友谊和陪伴带给我们的喜悦和成就感。

那些想要交朋友的人必须让自己拥有吸引人的品质和魅力。如果你吝啬刻薄、自私自利，那么没人喜欢你。你必须让自己心胸宽广，宽宏大量；你必须乐观向上，如果有一颗消极精明、拐弯抹角的心就会遭人轻视；你必须让自己有勇气，胆小鬼没有朋友。你要有自信，如果你都不相信自己，别人也不会相信你；你必须充满希望地向前看，活泼乐观，没人会被一个天天阴郁的悲观主义者吸引。

当一个人真正对你有兴趣的时候，你不用出于礼貌问他的职业，写了什么书或者文章，你也会赢得他的注意，而且你也会对他感兴趣。如果你真的对他感兴趣，那你就会坚定却不自私地把他留在身边。但是，如果你只想让自己拥有这份美好的友谊，如果你只是想利用别人帮助你，如果你只是把别人看作你成功的工具，如果你只是根据可以给你带来的业务、客户、病人或者读者的数量来衡量一个人的话，他们也会以这种方式来衡量你的。

如果你有朋友，不要吝啬于表达你对这份友谊的重视，不要怕告诉他们你很欣赏他们，爱他们。如果你爱某一个人，为什么不说出来呢？你又不会损失什么，这可能对你的朋友和这份友谊来说意味着全部。

一位女士曾经被问到，她是怎么和那些不受欢迎的人和谐相处的。"这很简单，"她回答说，"我所做的就是只看到他们的优点，忽视他们的缺点。"没有比这更好的方法来留住朋友了。

如果想开始美好的生活，那么，记住永远不要牺牲友谊；如果想让友谊保鲜，那么，就要牺牲一下自己的大男子主义，自己和朋友之间必须要有一条连接不断的纽带来维系。

"你所拥有的朋友，要用一切办法把他们留下。"当你的老朋友因为某些原因离你而去的时候，要能想得开，找其他朋友代替他们的位置。你不能缩小你的朋友圈，因为你的成功、幸福和价值在很大程度上都会取决于你的朋友的质量。

06

坏脾气的代价——
头等人，有本事，没脾气；末等人，没本事，脾气大

　　很多人一直是庸才，处在社会底层，因为他们总是被自己的暴脾气毁了大好前途。窘迫受辱的人到处可见，他们被自己认为无法控制的暴脾气驱使着。他们可能花了数月甚至数年爬到好的位置上，但是因为某一导火索而引发盛怒，就把来之不易的位置丢弃了。

　　我记得有一个人花了二十年来谋求一个要职，这个职位本来能够养活自己和家人，但他不到五分钟就丢了它，因为他的盛怒发作。他控制不了自己的情绪。

　　我认识一个已经得到了位高权重人士的推荐信的人和一个已经身处要职的人，但是他们都不能长久地保持这些优势。他精力旺盛，不屈不挠，每次被击倒总是很快昂首挺胸地站起来，但是一位要养家糊口的白发老人，又是一个很有能力的人，被无情地踢出这个职位，难道不可怜吗？而一位头脑精明、精力充沛的人才，仅仅因为坏脾气而变得潦倒不堪，围绕着朋友乞求着衣食、乞求给自己的家庭一点庇护，难道不悲哀吗？

几天前我遇到过一位非常敬业的人，他的急性子已经影响了他的全部生活，这也是他失败的原因。他得到过很多好的职位，却在不经意中丢掉了它们。他是个很有雄心、很努力的人，经过激烈的竞争才走在别人前面。他已经如此这般很多年了，但是他从来没能做过一件能够证明他具有优秀能力的事。每次我遇到他，他都感到羞愧，因为他意识到自己能力很突出，但是一直在一个普通职位上。他认为他应该身处职业顶端而不是半吊子；他应该成为领导者而不是被没有他一半能干的人领导。被身边比他无能的人命令简直要把他折磨死了，但是大家都知道他的缺点，就像醉酒一样，他已经成为急脾气的奴隶了。

一个男孩为了他毕生的事业年复一年地培训锻炼着，然后一旦他升高一点，取得一个体面的职位，就会因为短暂的情绪失控而丢掉它，还有比这更愚蠢的事情吗？如果一个艺术家花费数年在一座大理石上雕刻出美妙的雕像，然后马上用棍子打碎了它，然后再开始雕刻另一座，再打碎它，如此重复，你会怎么看待他？你会觉得他应该待在精神病院里。但是我的朋友，你能确定你不比他蠢吗，你能确定你不会用轻率的发脾气来毁掉你多年来的工作吗？

有的人即使被轻微批评也会暴怒，把一切都看作是一种蓄意冒犯，他们对自身、对自己的位置永远都不自信。他们让老板和同事觉得每分每秒都如履薄冰。管理这种易怒的人得非常小心，你得措辞严谨以免冒犯到他们。你不能说任何他们可能曲解为人身攻击的话。这些敏感的灵魂承受了很多痛苦，同时他们也是非常难相处的人。敏感是脆弱的表现，因为它基于虚荣心、妄自尊大、自负、自私。

对老板来说，最难应付、最难管理的人之一是那种娇生惯养、对工作中受到的羞辱非常敏感的女孩。她总觉得自己是被欺骗侮辱。她的痛处总是轻易被触及，哪怕最轻的触碰也能让她的伤口流血，无论是有意的还是无心的。事实上，一个敏感的人最大的痛苦并不是别人造成的。

上层人士面对轻微的挑衅，如果面红耳赤大发雷霆，会造成很大的不良影响。人们会嘲笑他，同情他的弱点。日日表现出愚蠢、软弱、优柔寡断，并通过接受世界的嘲笑来欺骗自己，这种人是非常不幸的。这不是人该有的状态，而是一个地鼠，这不是自然所创造的人。

无论你的意图多么正当，或者你工作得多么努力，你都感觉你不属于你自己、感觉自己习惯于随手毁掉取得的一切，还有比这更耻辱的吗？你应该更加自信——你不仅要思忖，还要相信你可以在任何环境中掌控自己，能做到这些你就不会跑偏了。

现在，想要掌控坏脾气，看起来像个艰巨到几乎不可能完成的任务；

但是当你分析一下这脾气，你会发现它是由你可以控制的元素构成的，如果你能控制这些元素，你就能控制你的脾气。急性子里会有妒忌的成分，也有无法容忍别人意见的成分。坏脾气的受害者想去掌控事物，想让别人按他希望的做事，如果没做到，那么他就会失控。通常，一个暴躁的人很容易武断、自私、嫉妒、自负、傲娇。他只考虑自己，根本不考虑别人。别人的权利对他来说无关紧要。

每个人都渴望在这个世界里成为强有力的、不寻常的人，把自己从平庸中解放出来。但他如果不能首先控制自己的话，就永远不会收获期望的感觉。他只有能控制自己，才能控制别人或者形势（环境）。无论等待多么难熬，他都会等待；无论面对怎样的挑衅，他都会冷静；在任何环境下他都能稳如泰山，身边的人大发雷霆时他也能平静安详，永远不会失掉稳重。只有这样的人才能激发信心，赢得尊重，成为领导者。

07

无关紧要的小事——
与其故作成熟地斤斤计较，不如假装幼稚地没心没肺

　　我们认识的人中，总是有些人把生命中的大部分时间浪费在无足轻重的事上。他们经常做一些可以忽略不计的事情。有些女人总是在自寻烦恼，她们或是为家具、瓷器、玻璃器皿上的手印烦躁不堪，或者仅仅因为厨师搞砸了汤或者布丁就搞得整个家鸡犬不宁。她们对这些小失误的唠叨让仆人们痛苦不堪。

　　如果你想充分利用你的生命，你应该学会忽略，对那些只会打扰你的事情看都不看一眼。永远也别因为厨师烧坏了你最爱的菜而恼怒。千万不要因为一些小失误而在餐桌上责骂服务员让她难堪，这样你的客人的这次来访也被毁了。

我们认识多少母亲因为无关紧要的事而让整个家庭都怒气冲冲？她们不停地因琐碎小事责骂、唠叨、吹毛求疵，直到全家人都不胜其烦才罢。

这些都不是让生活有价值的事。学会扔掉废物，抛掉危及行船安全的货物。学会放开一切只会激怒你不会帮助你的事情。

很多人就像衣服上的别针一样一直刺痛我们却不能摆脱。很多老师夸张了毫无意义之事的重要性，结果毁掉了学生们的安逸快乐。很多人最令人遗憾的习惯就是夸大琐事，把小山丘夸大成高山，对一件小事喋喋不休、争论不停直到它变成一件大事，最终毁掉了每个人的平静。

喜欢夸大琐事的人就像鞋中之沙，你得一直试着把它甩出来，它会让你的整个路程都变得难受。

很多商人喜欢将一些无足轻重的事夸大，结果惹火了同伴。如果一个速记员犯了个错误，他们就会责骂他好几个小时甚至一整天。生命实在太短，根本不值得为琐事争辩。

有些人把他们一半的精力都浪费在对毫无意义的蝇头琐事的斤斤计较上。

我们不能浪费精力。我们应该把每一份儿精力都放在能够充分利用生命的事情上。很多人像一把满是洞的烧水壶，把那些本该驱动齿轮转动的蒸汽都浪费掉了。力量都浪费在对人有害无益的无用之事上了。

有多少年轻女性养成了这种为无价值的事花费时间的可鄙习惯，她们把自己的精力浪费在丝带是否太暗、帽子该如何搭配、手套是否时尚上。她们应该培养出好的选择品味，这是非常重要和必要的。但我们意不在此，我们反对把宝贵的时间浪费在毫无意义和价值的事上。把生命浪费在毫无价值的事情上而忽视了有价值的事物，是一个非常可悲的习惯。

我们知道有些女性会在商店里因一些琐事而精疲力竭，她们会花大半天时间，徒劳地寻找衣服上无关痛痒的细小问题。看到这些本该花在自我提升、自我修养、帮助他人、做有意义之事上的宝贵时间和精力被如此浪费，真的是非常可惜。这些一点点浪费掉的精力，这些被浪费在无用琐事上的时间，是非常不值得的。

我们都在餐馆里见过那些惹人烦的客人，仅仅因为服务生没有端上他们点的东西，仅仅因为他们想要全熟牛排而端上了一份半熟的，仅仅因为服务生错把布丁当馅饼上了，仅仅因为端上的是煮土豆而不是烤土豆，或者仅仅因为服务生不小心洒了一点汤在他们的桌子上，他们就会声嘶力竭地发脾气。

有一些母亲，仅仅因为丈夫或者某个孩子晚餐时来晚了，就让全家每个人都烦恼不快。这些一切都按规定来的严苛之人，每个人都必须准时到分秒，否则就得被严厉批评，让他身边每个人的生活都变得痛苦不堪。

08

把"美"嵌入生活——
美美的时光，要浪费在美美的事情上

把美嵌入生活，这是比把钱装进口袋更美妙的事。

别把一生的精力都投入到赚钱上。有些富人即使坐拥金山，品性中的崇高与美也不会进步，他们已经把这无价之宝全部卖掉了。

如果人生中美好的一面、温柔的一面、深情的一面永远也不能进步，那么人生的所有奋斗又是为了什么呢？难道除了对钱、对名利的肮脏争夺就没有更好的东西了吗？难道自私、自我膨胀就是生命里最重要的事情吗？难道就没有比钱和权力更宝贵、更美好的东西值得我们奋斗了吗？

有人想要在大城市里打拼，在不同的区域奔波，只为了一件事而奋斗——物质，美好的事物却没有一席之地。每件事都是物质性的：平地，

广场，高低不等、大小各异、宽窄无序的建筑，几乎不讲究对称与美观；桥梁、通往公园的路、广场、城市全都是又平又丑到极限。每件事都必须给"实用"这一神祇让路。如果巴黎人搬到纽约或者芝加哥的话，他们会因美感受到冲击头痛不已——很多美国住宅丑得不能再丑了。美国人不会想到优雅、美丽和艺术，他们的一切都是为了实用——正方形、三角形甚至不搭调的形状。没有优雅的曲线，没有美丽的拱形，没有华丽的哥特风，起居室与会议室都建在枯燥的正方体大楼上。这难道不是太严苛、太无趣、太实际了吗？

我们是不是从来不把高雅文化看得比赚钱能力重要？是否总是沉浸在人的粗鄙性上，但是性情、理智、品德却没有很好的发展？谁又估量过根植于高尚品德与优雅生活里的真正财富呢？无论走到哪里，高尚和优雅的生活方式都能给接受它的每个家庭、每辆电车、每家商店、每座工厂或办公室带来欢愉。据说在克里米亚战争时期，医院里的护士总是说她们能提前很久预感到弗洛伦斯·南丁格尔什么时候会来。她们能感受到她那优雅的品格，她洋溢的甜美气息。性格好的人无论到哪儿都能带来阳光和愉悦。阴郁与沮丧在他们面前荡然无存，粗鲁与野蛮在他们面前消失无踪，就像黑影和阴暗在旭日面前消失无踪一样。人类取得的最大成就是温柔与明媚的培养，这种温柔与明媚能从优美高雅的品格里散发出来。相比之下，钱财是多么卑劣低下啊，一切都黯然失色了。它就像魔法一样让人赢得友谊、影响力、力量。你能够为了一点薄利虚名就去承受绝望、沮丧，并且把这种盛开的人性之花、为你的生命增光添彩的芬芳从你生命中挤出吗？

难道生命的馈赠、作为人的无限可能就如此廉价？甚至你争我夺，在生命之路上推搡前进，在疯狂的贪婪和自私的驱使下，仅仅因为自己更强，就践踏掠夺弱者？难道能力不该是由完美修养衍生出来的吗？我坚持修养、自我提升以及发展人类天性中最优秀的品质，那么我就一定会反对扼杀这些品质的快节奏生活，反对压榨性格发展的紧张生活，反对践踏生活质量的匆忙。人们为了不值得的事情付出了高昂的代价，人们在忙碌的生活中为了一些终会凋谢枯萎的东西而把永恒的东西丢掉了，这是多么令人惋惜的事啊！

仔细观察就会发现，早上的商人们穿过那些闪闪发光的美丽公园、广场的时候，永远都是步履匆匆，毫无意识。若是正值花期，花坛里，灌木丛里，树枝上，成千上万的花儿怒放，都引不来他们的偶然一瞥。他们经过乡间田野，鸟儿、溪水与野花争奇斗艳，但他们依然沉浸在生意的难题里，对周围同样漠不关心。人们整天醉心于赚钱以致没有时间赚取"美"。他们总是忙着谋生以致没有时间生活。人类的生活里不只有面包，高尚的生活需要精神食粮。

09

世界上没有绝对让人开心的乐园，
只有相对能自己找乐的人

"阳光"导师

　　伊迪丝·怀亚特（Edith Wyatt）在布林莫尔学院（Bryn Mawr College）
因"加油打气"生意而闻名。不管是思乡，还是受挫，女孩子们都会到"加
油打气"店寻找鼓励和希望，而且她们总能得偿所愿，伊迪丝的每个毛孔
仿佛都散发着正能量。

　　能给每个人提供不受任何外来干扰的充足空间，使得"加油打气"业
务收获了良好的口碑。那些为别人"加油打气"的"阳光"导师也仿佛更
喜欢这份兼职工作。

　　导师们总能让人们抛开自己的身份而畅所欲言，人们觉得遇到这些导

师，自己是幸运的。这个温暖的地方是人们心理健康的加油站，人们可以免费享用这里的公众福利。

这些"阳光"导师在散播快乐的同时也在为自己的生活添砖加瓦，这使得每个参与的人都能享受快乐。我们应当像培养数学老师、外语老师一样，把"阳光"导师也列入教师培养计划中。有证据表明，乐观是人的本性，应当得到重视和挖掘。乐观不仅是治愈心灵的良药，也是人生的润滑剂，让人随时保持积极向上的心态。

积极乐观地看待一切，这样的心态能够改变人生，是不是很奇妙呢？我们应当以不同的角度来看待事物。这并不是一种浮夸或浮躁的心态，而是自然而然地提高自己的幽默感，这在比彻（Beecher）和菲利普斯·布鲁克斯（Phillips Brooks）的书中都得能到例证。乐观的心态才是心理健康的本质。

压抑年轻人的阳光心态是违背人性的——他们热情洋溢，朝气蓬勃。忧愁根本不应该在他们的脸上出现。那么，到底是什么使得年轻生命焦虑不安的呢？如果真的要说，那一定是他曾经的过错让他变得畏首畏尾，不敢尝试。

🍃 每一天，练习积累笑容

"我走后请尽情欢笑吧。"是泰勒神父（Father Taylor）与他的朋友巴托尔医生（Dr. Bartol）告别时说的话。与此同时，却有很多年轻人失去了让自己快乐的能力。他们遇事不会变通，不懂转圜，对他们来说，幽默是一种缺陷，是一种浮夸，对至死不渝的"正经人生"是一种亵渎。他们认为生命是一件应当严肃对待的事情。这些人只能感受到世界给他们的生活带来的艰辛与压力，他们无法卸下这些生命中的重担，还在疑惑为什么有的人能以如此举重若轻的心态去享受生活。这些"生活艰辛"主义者往往给人们留下一种"地球没有了他们就会停止转动"的自我的印象，不管他们走到哪，都带着一股紧张沉重的气场，仿佛整个宇宙发展的责任都压在他们肩上。

在某种程度上说，乐观的人不一定是最幸福的，但一定是寿命最长的，而且是最有竞争力，也是最容易成功的。爱笑爱玩都是人们的天性。如果把人比作一个不断运行的机器，那么乐观就是机器的润滑油——不仅让机器顺利运行，还能减少使用中各个零部件互相摩擦产生的刺耳声音，殊不知，正是这些内耗让诸多生命过早地陨落。

美国著名作家莉迪亚·玛利亚·查尔德（Lydia Maria Child）曾经说过："我认为快乐随处都可以创造。哪怕只有一个三棱镜，也能让我的房间充满绚丽彩虹。"这样乐观的精神才是真正的智慧，是治愈心灵的良药，是身体最好的兴奋剂。

总是看事物积极的一面，养成这样的习惯可以让你不论做什么都能发现人生的乐趣——这才是最大的财富。其实，比起金钱上的百万富翁，我更愿意成为快乐和阳光的富豪。

不管你做什么工作，你都应当学会发现生活中蕴藏的幸福。从快乐中感受到的爱同样能从乐观心态中激发出来，并且，现实生活中的这种乐观的心态比起在大学中受到的单纯知识教育有意义得多。而且，快乐的财富是可以不断积累的，就算你的命运多舛或者生活暗无天日，只要在工作中加入一点点幽默做调味剂，你就可以把自己从单调的生活中解救出来。只要你每天都尽力让自己开心起来，你的工作就会不那么无趣。这种良好的心态会让生活中的不如意都黯然失色。麻木严肃的心态不仅让你变得无趣，还会给你增加无形的压力。开怀大笑会驱散所有阴霾、忧愁、疑虑以及现代生活中的压力。如果有一个人让人感觉很无趣，那他的生活也一定是没意思的。他不会开玩笑，没有幽默感，不会点燃生活的激情，想想就觉得这种人真的好无聊。

你若喜乐，日日晴天

"一颗心再小也比过于沉重强"，心若有晴天，能给大家带来欢乐，也能融化冰雪。有诗云：

> 见你微微一笑，
> 让我心若艳阳。
> 生活清亮如镜。

你若喜乐，日日晴天；

你若苦闷，郁郁永随。

"您都七十岁了，我猜您肯定天天都因为老之将至而苦闷吧。"有人这样对一位老先生说。

"不，我生命中每天的太阳都是崭新的，没有什么可哀叹的。"老先生笑着答道。

在美国康涅狄格州的一个乡村小店里，几个人在讨论，如果可以选择，他们将如何死去。大家各抒己见，议论纷纷，直到轮到一个叫扎克（Zack）的小伙子时，他说："我宁愿天天被挠痒笑死。"

一位有名的日报编辑曾被问到为什么不再雇佣五十岁以上的男性，他回答道："并不是因为他们工作不好，而是因为他们太拿自己当回事了。"

在古代的德国，有一条法律是禁止开玩笑。"玩乐会让我的臣民忘记战争。"国王说道。路人们肯定会觉得，这颁布的不仅是禁止玩笑的法律，对繁华城市里的人们来说，连欢乐也被禁止了。当人们走在大街上的时候，鲜能看到散发着阳光的欢乐笑脸。更悲哀的是，当我们走进贫民窟的时候，看到的是孩子们一张张惨淡的面孔，而他们本应该阳光灿烂，享受快乐。欢乐，仿佛脱离了他们的生活，他们大都不知道一个快乐的童年意味着什么。

有人路过这里，看到愁眉苦脸的商人和信众，发现这里的欢声笑语都被法令禁止了。即使在餐厅用餐，人们也无法摆脱战争的梦魇。他们吃饭的时候面色沉重，日日忧心忡忡，时时担心忧虑。在商业谈判中也难展笑颜，金钱仿佛都成了沉重的话题。

悲观主义者排斥新的交易方式和市场机会，而乐观的人却愿意接纳新的生意——他们总是在吸引新的商机。

充满希望的人总是能在别人失败放弃的时候嗅到成功的气息，在别人看到狂风骤雨时预见雨后的绚烂彩虹。

如果孩子们都能知道，最重要的是不管什么时候都要活得生机盎然，那么现在死气沉沉的文明将会在不远的将来被颠覆。

很多人都不知道如何开怀大笑，甚至就连一个浅浅的微笑都从未有过，如果孩子们在身边嬉戏，他们立刻就会板起脸来。他们的生命被挤压在一个充斥着悲伤、严肃的牢笼中，以至于几乎忘记了如何发自肺腑地让自己快乐起来。

约翰逊博士（Dr. Johnson）说过："一个人应当与快乐为伴。"这些轻歌曼舞是让人们暂时忘却生活那悲伤一面的补偿，然后微笑面对生活。

我们都喜欢阳光灿烂的灵魂，再忙也会在这其中寻找慰藉。阳光的心态是拥有平静甜美生活的无价之宝，不仅能够抚慰心灵，丰富经历，还能愈合心中的创伤。这样的灵魂让我们安心，我们和这样的灵魂在一起的时候，会自然而然地变得仁慈，懂得如何去同情别人；当我们遇到困难，会自然而然地想要靠近它们，仿佛它们本身就是一种可以治愈心中创伤的良药。

落魄的人，最有可能成功的办法就是用微笑面对生活，将手中的鲜花和善良分发到每一个人手中。与人为善，助人为乐，时时充满着善良与爱，是一个人值得修行的最大财富。脸上总挂着笑容的人就是快乐的传递者，他们有着温和的性情，走到哪里都受欢迎。

没有什么比阳光更受欢迎，没有什么比乐观善良、乐于助人的性情更吸引人。这些财富不仅保佑拥有它们的人，还会让更多接触它们的人分享它们。每一个人都会成为乐观的传播者，还会给乐观源头的人更多回馈——你付出的越多，得到的越多。就像把种子种在土壤里，你辛勤耕种，换来的便是丰收。

"永远不要带着消极的心态看待生活！"

10

这个时代需要的最强大脑——
最有意义的学习，是掌握做应做之事的能力

🌿 与其掌握似是而非的知识，还不如没有知识

智力是年轻人的资本，为他的时间和精力提供了最好的投资。锻炼内心是非常值得的，比如发现自己的特长，或者养成奠定成功的良好心理习惯。

若是只研究几周拉丁语，或者只是为了见识一下而上几节不讲动词和分词的法语课，或者通过合作计划来参与家庭培训，这些都没什么用：就像罗马式的家庭，母亲在逛美术馆，女儿在参观纪念馆，而父子二人呢，则在咖啡馆里研究地方特色。

我们生活在一个忙碌的时代。有一些人，看到一个鸡蛋，立刻就想要

把它变成打鸣的公鸡。这是一个满是"大学""学院""教授"的时代，充斥着让人不知方向的"短期课程"。我们身边那些受过早期教育的人，他们的理念正如乔什·比林斯所说的："与其掌握似是而非的知识，还不如没有知识。"

我们都在为"大学扩张"鼓掌欢庆——这营造了良好的学习氛围，唤醒了孤立的学生的理性力量。但是，直接将结论灌输给人们的填鸭式教学也使他们变得无知，除非原始思考的能力已经得到了培养，而理性思维的培养也已经箭在弦上。

教育是才智的思维训练。它不仅为一个人打磨了工具，也使更多的人能够掌握工具。

巴罗斯校长说："教学不是机械地重复内容的留声机，而是提供才智、光明、进步以及人类幸福的高尚的发动机。"

唯有这种知识才能融入智力的骨骼与血液之中，也可以说，它是最盈利的投资。美国的教育机构庞大，每年要花费四亿美元，实际上智力培训是每个人都可以参与的。虽然在我们的公立学校里有将近一千七百万名学生，但是很少有人能够学习到语法以外的更高级的知识。如果这种情况不进行改变，智力训练就仍然只是少数人的福利，而难以在多数人中普及。对于那些没有参与高等教育的人来说，他们当然没有获得柏拉图所描述的那种教育——训练他们，给予他们的身心所有的美和所有力所能及的完善。

发掘一个人最大的潜能——挖掘他的才智，并利用这些才智实现自身的目标并获得人的美德是一个人受教育的真正目的。这是天性的展现，天性让一个人变得完善。但要实现这个目标，需要时间和手段。无论是学会思考，学会爱应爱之物，学会控制追求善果的意志，还是学会观察，学会推理，学会合理判断，学会自我控制和影响他人，而这些都需要时间和学习。

🍃 让人提升至他的能力上限，这才是最好的教育

仅凭天性不会造就一位教授，必须要靠积累，但是人们想要完美。如果我们一味地锻炼体能，那么人类会堕落成野兽；如果我们挤出生命里所有重要的能量用来锻炼肌肉，我们就矮化了自己的灵魂，也消解了我们的气质。这是天性无法变更的法则，天性在工作或者特别训练中得到锻炼，从而变得更强。天性的增强要求我们的才能更加健全以与之相称。单一方面的培养可能导致发展的片面和不协调。仅仅去开发头脑，并且把所有精力投入到扩充智力上，我们都得到了什么呢？并不是全能又全面的哲学，而是冰冷、无情、片面的智力，缺乏慈悲、温暖的同情心和柔和的感情。如果只发展道德上的天性，甚至灵魂，没有脑力和体力的，我们就会成为一个盲信者、一个错乱的狂热者。表是用来指示正确时间的，保持准时不能只靠一个小螺丝，或者一个杠杆、一个齿轮，而是所有零件协调运作的结果，而且每一个最细小的部分都要保证完美无缺。所以教育与文化的目的是所有合理能力的均衡发展。

　　学校建立在语言的基本原理级别之上的系统教育最能锻炼出全面发展，而且级别越高越好。我说这话并不是低估初等学校的卓越工作，也不是低估在未来生活的多变职业中关于规律工作的训练。我只是在说每个人都承认的事实：一个人要想提升智力，只能接受更高更多的学校教育。无论高等教育的方法是否完全适用于每一个人，它确实一直适用于大多数普通人。虽然人们会为此付出必须的时间和劳动，但是教育会给予他们丰厚的回报。

　　赫胥黎说过："或许教育最有意义的结果，是赋予了你做应做之事的能力，无论你喜欢与否，这是学习的第一课。但是，在一个人的教育初期，他可能最后才彻底领悟。"要做到守规矩、有勇气、有决心、勤勉、规律、守时、透彻、坚韧、耐心、克己、有公民意识、自尊，这些是智力训练的特别之处。

　　利克天文台的霍尔登教授在他写的一篇探讨西点军校的教育论文中，如此描述长期教育的实际运作：

　　"绝对不会有学生得到教员的偏袒。每一个学生的表现都以简单有效的评分制来评价，评分是学校教育的必要部分。每个军校生的记分都会每周公开张贴，好让他精确地知道他的表现到底如何。这种方式比起其他体制来，要绝对且完全公平。我从没听说过有学生、教官或者教授质疑它。因此每个学生每天都要接受彻底的测评，不合格也不可能被隐瞒。这对于每个学生品格的影响是立竿见影且值得赞扬的。他在朗读期间或者其他地方学习到了勇敢承担责任，他所学到的东西很少能在其他的日常生活中早早地学到；执勤科目上的任何不足都会得到相应的处罚，一次严重不达标的背诵不仅会得到一个低分，还会被视为不负责任，会得到周六周日下午一刻钟禁闭的不及格惩罚。高标准的要求能够帮助学生在军队中又快又稳地提升。每一个学生每时每刻都铭记着他今日履行勤务的表现，这些都将会影响他一生的职业生涯。每个学生都充分认识到这一点，它完美的公正性也被大家所承认。如果分配的任务能够得到忠诚勤勉的执行，那么执行者就能得到高度评价，结果也可想而知。每次失职都会有相应的记过处分。点名缺席扣十分，轻微的衣冠不整扣一分，执勤或者操练时粗心出错扣五分，等等。

"每个学生都有一个确定的小额总分（比如一年二百分）保存在学院里。一旦他的小额总分大大超出了允许的总分范围，他就会被开除。如果只是稍微超出，那么他在班级的级别将会相应地下降，他的福利也会随之改变，简直等于他已经在学习中战败了。对于军官来说，好的职业管理（行为）至少和专业知识一样重要。每次失职都必须要有书面报告，每个与之有关的学生都需要手写一份解释书。提出解释这件事本身就是一种失败。如果学生没有理由，他就必须被公示出来。如果他有充分的理由就可以不被记过。因此每个学生必须定期检验自己的职业道德感，并且记录结果。学生不会有负面情绪，因为所有的记录都是书面形式，不会掺杂任何私人的责难。

"现在我们来看看这个制度有多严格。他在学校里差不多要待一千二百天。在他的四年学业里，有将近一万八千个场合强调守时的义务。如果他迟到了，就会被记过。六个月（一百八十天）内有一百次记过就会被开除。但是迟到绝不是唯一的过失。如果训练时制服上有一颗扣子没有扣紧，如果在阅兵点名时鞋子没有涂鞋油，如果在执勤岗哨前没有清理干净枪，还有一百个其他各样的问题，都是职业守则里禁止的内容。每次不合格都会被记录，并且会有一个确定的记过分数。一旦在六个月内到达一百分，这个人就会被开除。每个人从一开始就知道这些，也没有人提出异议，在这里这些简单的规则只会被坚决执行，每个人都是平等的。每次允许都是基于经验。每个合理的请求都会得到批准。最终的结果就像重力一样，不变、公正、及时。"

西点军校的训练终究是军事性的。其他高等学校会用不同的方式测评学生，但是教育的最终结果普遍都是智力。年轻人的能力在其中被充分调动起来，潜能得到挖掘，求知欲也得到充分激发，同时他也能学会如何获取知识。这些最终的目标是自身能力的发展，同时也为生命中的无限机遇做好准备。如果一个人受过良好的教育，他在道德上就会更高尚，更值得信赖，在精神上会更愉悦，更尽责，更正直也更有魄力。正是教育给了我们坚定的遵守纪律的理念和精神上的和谐与镇定，这些素质都是我们希望在一个具有道德与精神形象的人那里找寻到的。

无论在哪儿，就像学习语法与算数一样，学会欣赏并热爱所有形式的美与善也是真正教育的一部分。宽容、慈善、博爱也是真正教育的必要内容之一。教育程度最高的人，是那些以最优雅的形式提供了最好最多的精神食粮的人。这样的人才是人类精神的最高体现。我们应该选择那些高价值、有益于整个社会、保持思维活跃的事情来做。

教育的伟大目标是让人提升至他的上限。他活力四射，动力像活水喷泉一样源源不断。

真正名副其实的成功是，随着时间的推移，自己的精神与品德成长得更广、更深、更高。感受能力的扩充展现，感受真理潜移默化的影响，这才是唯一有价值的生活。这样的生活既不是苦难也不是梦境，确切地说，它是高质量训练的优秀成果。

很多杰出人物在幼年时只是个平凡孩子。但是，我们应该从他年轻时谈起。在习惯形成之前，如果他本身是块好材料，同时又能接受一位优秀的导师的指导的话，那么这个起初粗野、笨拙甚至迟钝的小伙子将受到的训练是你无法想象的。在南北战争后期，仅仅对那些毫无经验的粗野新兵进行几周或者几个月的训练，也能使这些弯腰驼背的笨拙士兵挺胸抬头、严肃庄重，也能使他们更有气魄，身材挺拔，举止彬彬有礼，甚至他们的朋友都认不出他们。如果在一个已长大成熟的青年身上能够发生如此显著的改变，那么在这个早早接受身体的、心理的、道德的等各种系统训练和课程的小伙子身上发生奇迹也是可能的。有多少人如今身陷囹圄，或者以救济院为家，或者四处流浪，或者在贫民窟中过着凄惨的生活，他们佝偻着、粗野、愚笨、邋遢，裹着破布也能安然入眠。如果这些人在年轻时能有幸接受系统而有效的训练的话，他们本可以成为高尚的人，成为人类的翘楚。

每一百个人之中只有四个人能进入，高中、商科学校、学院或高等学校，而在这些上学的人之中，也只有四分之一的人能步入大学。目前大学收到的赞助一直在上升。美国教育部长，威廉·哈利说，目前在每一百万人之中，接受过初中以上教育的人数是二十年前的三倍。

趁年轻赚钱的必要性，或者是拮据家庭里的年轻人对于做生意的热情，让他们坚持长期的学业课程。我们常听到某个父亲说，他的儿子没必要为了赚钱去上大学，似乎能与一个高尚的、扩展的、不断成长的思维相比较的只有财富而已。在狭隘的视野里，在利欲熏心的生活中，似乎钱能够暂时比得上那种满足感，这种满足感是由于我们被头脑带领着触碰整个世界，而大脑是被对知识的热爱所激活的，而且它也学会了如何获取知识。是不是这个时代的趋势就是要把经济价值的问号打在一切事物身上呢？"这个东西多少钱？""它里面有什么？"这些问题经常被问起。但是把生命仅仅看成一个铸钱的造币厂是多么狭隘的啊，难道积累物质财富就能满足心灵的渴望、灵魂的憧憬了吗？

现代的人赚钱，习惯于泯灭所有的真善美天性，抛弃对于不幸者的同情，漠视自身的更高的成长，扑灭各种高尚的热情。在社会经验中最奇怪、最不可理解的事是人们夜以继日、年复一年地你争我夺，最大限度地利用农场、商店、生意、职位，换句话说，把他们的业务拓展到极限、提升到最高点，但是却完全忽视了对于自身能力的耕耘。

最高尚的品质，最高贵的气魄，永远不可能在一个低级、庸俗的目标下培育出来。如果大学院校里的一节课能激发人们的理想，并且给予人们一个更广阔真实的俯瞰生命的视野，那么它就值得我们花时间来学习。每个年轻人都认为自己和这个世界能让自身潜能得到最大利用，以求发展自身，并不偏袒、并不勉强、并不片面，而是很均衡地发展，同时把实现自身的最大可能也归于一个人的责任，就像橡子的功能是成为一棵高大的橡树——不是一棵小树苗，是一棵独自屹立的虬劲大树，与暴风骤雨搏斗，为人和动物提供荫庇，为造船专家提供栋梁之材。

比彻说："我们应该在我们的时代如此生活劳作：我们所做的像种子一样在下一代人身上开花，我们所做的像花一样在他们那里结果。"

11

得体的说话方式——
得体的话语关乎对人对自己的尊重

✿ 它并无成本，却可以助你获得一切

　　如果你可以清晰简洁地表达自己的观点，如果你能够从容地说服别人，你就拥有了一个非常有力量的武器。如果你是一个举止恰当、性格谦卑的人，那么你就能畅通无阻地出入任何地方。你不必向那些政要做自我介绍，他们都会非常欢迎你。年轻人忽略的是这种非常有效的谈话艺术。谁能估算优雅迷人的措辞和说话得体的价值？我们的各大高校教我们很多，唯独没有教给我们如何发挥语言的力量，这不是很奇怪吗？什么成就能和拥有一个优雅迷人、说话得体的演讲技能分庭抗礼？

　　学生们学习拉丁语和希腊语，还有高等数学以及其他理论，有些真的很少能够用到，但是他们生活中每分钟都会用到的语言的技能和艺术却没有得到锻炼。大多数人的谈话都很突兀。他们没有进行深入的研究，他们

只是信手拈来他们路边的词语，车里的、商店里的、任何地方的。他们没有对语言进行科学的研究，比如词根、词源、词义、同义词。

谈话技巧的使用与否有什么不同的意义呢？人们总是日复一日年复一年地埋头工作，到临终前才能掌握一门艺术或者科学，但是却完全忽略了对话的力量，以至于让自己在社会上像傻瓜一样。在你的工作中你能够出类拔萃，但是在社会上却默默无闻，这让你更加恐惧开口去说，因为你知道自己并没有很好地掌握语言，这不是一种耻辱吗？在办公室里缄默地坐着却看着一个能力不及你十分之一的人在口若悬河，仅仅是因为他有着你忽略了的谈话能力，难道这不是一种耻辱吗？当你被邀请参加盛宴，仅仅是因为你在一个流水线上工作非常出色，这不是一种耻辱吗？如果请你上去讲话，你都不能像一个十五岁男孩儿那样做到清晰明确地表达自己的观点，这不是一种耻辱吗？当你发现了一颗新星，写了一本非常有影响力的书，发明了一样新科技，但是你却无法表达你的创意，那将是怎样的情况？显然，一个人对他们略有意见却不敢在大众面前发言，鼓动大家。他们无法在众人面前演讲，因为他们对公众演讲的规则一窍不通。他们惧怕自己的声音在公共场合回响；他们会四肢发抖，心乱如麻，像小孩第一次上台演讲一样。

非常了解一件事，但是却无法表达出来，是不是很尴尬？这些人在谈话方面有多么笨拙。他们舌头打结，逻辑混乱，完全无法把自己的想法清晰地表达出来，更别说用优雅的语言了。

人们可能在办公室非常有影响力，但是在社交场合却只是孩子。他们无法抓住听众哪怕一分钟的注意力，他们无趣又机械，没人愿意听他们讲话。但是那些非常有语言天赋的男孩女孩在初次上台就能吸引听众的注意力。

这和你的职业没关系，如果你无法得体地与人沟通，如果你没有自我表达的天赋，如果你无法根据场合说合适的话，你会永远处于被动的状态。

很多人得到的比他们真正应该得到的要多，是因为他们优雅的言谈举止，他们能够正确地表达自己的观点。他们可能只有这一个优点，但是他们在最大程度上利用了它，他们知道如何让自己的努力得到回报，把自己的天赋运用到正确的地方。

有多少人把自己的成就、地位大部分都归功于自己说话得体。良好的形象——能给人留下美好的第一印象意味着一切，但是没人能够比一个天生的演说家做得更好。有多少公众人物把自己的成功和受欢迎归功于自己良好的演说能力。很多人就凭借良好的讲话能力让自己平步青云，到政府机关甚至更高层次的管理阶层就职。很多人让自己得到了很高的地位和优渥的薪水——这不是仅凭他们自身的能力就能得到的。

和那些掌握了谈话艺术的人交流是一件非常值得的事。他们的声音像悦耳的音乐，他们有吸引我们安抚我们的力量，比如美丽的面容。很多人用词非常不准确，没有人告诉他们选择正确的词语在谈话中是多么重要。一个杰出的人开始学习锻炼自己的舌头，他学会了如何吸引人，如何变得有趣，如何成功地抓住别人的注意力。这种掌握了谈话艺术的人不论走到哪里都能即刻赢得注意力——每一个人都会立即安静下来，不由自主地倾听。

谈话是一种艺术，人们应当把它当作评判一个人的方法。你可以看出这个人行万里路，你可以看出他是否是个细心的观察者，你可以看出他是一个富有同情心的人还是个冷酷无情的人。你可以从和他的谈话中看出他读了什么书，他如何读的那些书。你可以选择自己的伙伴，你可以知道他从哪里来，你可以知道他做过什么事。这是一个可以拥抱所有人的艺术。不管你经历了怎样的生活，你知道些什么，你去过哪里，你做过什么，都能在你的谈话中体现出来。你的言谈是你经历的全景图。我们知道你是无知的还是渊博的，你是巨人还是侏儒，你是和善的还是粗鄙的，你是富有同情心的还是自私自利的，在你的谈话中我们都能判断出来。

每一个想要有所成就的年轻人都应当掌握谈话的能力，他应当让自己越发完美，能够在公司中更加优雅自如地谈话。让人们对自己产生兴趣就是一个了不起的成就。当一个人失去了他想要的重要职位的时候，有人会说："让史密斯先生来接替这个职务吧，他会做得很好，因为他知道如何表达，他知道如何留下好的印象和保持好的形象。"

谈话也是一个伟大的老师。一个好的谈话者会在谈话中展现很多美好的品质。他必须让自己足够机智，足够有判断力，甚至要拥有良好的嗅觉。一个健谈的人一定要心胸开阔、宽以待人，如果他刻薄、狭隘，他的所有恶劣的品质都会体现在谈话中。他对于听众必须是一个热心肠的有同理心的人。他必须对他们感兴趣，他必须敏捷地躲开那些不适宜谈论的话题或者尽量不要暴露自己的缺点。他总是利用自己的分析能力，同时打磨自己的创造力。一个好的演讲者不能只是一个模仿者。

我们建议年轻人在最开始不论做什么都要抓住每一个机会培养自己谈话的艺术。说话得体的能力可以让人们拥有巨大的能量。

很多人说话结结巴巴，口齿不清，无法说一句完整的句子，把那些他们从未用过的形容词和动词混到一起，让人不知所云，这是多么难堪的事啊。

每一个年轻人都应该掌握一种能够生动精确地表达自己的语言和技巧，这应当是最早的目标之一。拥有得体的语言表达技能是令人羡慕的。

不管你有没有其他目标，你一定要立志成为一个谈话专家。你可以不去学习法律、药学或者其他专业甚至成为商人，但是你每天都必须要给自己锻炼演讲的机会，无时无刻。一个你应当进行的最好的投资就是花时间研究字典、研究词语、学习词根、词源、学习同义词的表达，来让自己的谈话更具广度和深度。试着从不同维度扩大自己的词汇量，查阅每一个你不认识的词。这就是教育本身，这对你来说意义非凡。只有很小的词汇量和有限的经历是永远也无法让你成为一个好的谈话者的。那些刻薄狭隘、吹毛求疵的人，那些酸腐的悲观主义者一点也不吸引人。高贵的品质才吸引人，才是立足之本。

12

简洁与直接——

简洁是一种放松的状态。你若复杂，只能说明你的内在存在着紧张

我曾经见过一种超越我能力的优秀品质——简洁！我决定加以培养。

——杰伊

最近我去了纽约的一个办公室，学了一课回来。过了一阵去了芝加哥，我看到了相同的警言：不要浪费生意人的时间——简洁！

我们都要维持生计，而且这要花费我们大量的时间。

像这样的标语体现了现代社会和商业业绩中速度至上的核心价值，可是商场中很多人并没有遵守这个规则。拖拖拉拉、言而无物的演讲者现在已经没有立足之地了，而这个箴言在以十分礼貌的方式告诉所有浪费别人时间的人，现代社会没有他们的立足之地，没人愿意忍受他们。

如果有什么事能让一个商人特别恼怒的话，那就是去和那些永远不着边际、永远不会抓重点、永远拐弯抹角的人说话，他们总是有长长的介绍和没用的废话。就像一条狗转了好几圈却趴在了原地，那些人用没用的解释、介绍和致歉让所有人筋疲力尽，天马行空地讨论各种各样的重要商业问题以外的事。

有一些人你永远也没法把他们领到重点上。他们总是游离于话题之外，总是在逃避，也总是无法深入。他们的工作方式是随性的，他们的思考过程不够精确。他们就像孩子们玩的一个"监狱游戏"，要避免去接触指定的物件——仿佛需要多么费劲才能说到点子上。

想象一下，若是一位商界领袖带着自己的行李坐在椅子上，和一个毫无逻辑的人谈商业上的事儿，简直是在折磨这位商人，他只能试图用一种软弱低效的方式沟通。现代商业讲究一击即中，选择接受或放弃，如果你不想继续下去，其他人也不想。每次进行商务会晤的时候都要牢牢抓住重点，将一切都掌握在手中。但是有些人仿佛没有能力一下子切中问题的要害。很多法官和律师说，有些目击证人根本无法提供他们需要的信息，或者无法将想要表达的观点表达清楚。尽管律师一直在求助于各种方法试图得到直接的答案，但是目击证人还是无法作证。他们总是游离于观点之外，或者进入正题又戛然而止。

我认识一个商人，他说话总是拐弯抹角，而我总是在和他打交道的时候失去耐心，便在谈话的时候时常去看表，就想知道他什么时候能够说完。他给我打电话的时候，我就会往后撤下椅子，把脚放到桌子上，因为我知道我又要花费至少一刻钟的宝贵的工作时间来听他说。这种人就非常让人讨厌。这种拖拖沓沓、没有重点、拐弯抹角的说话方式可能会很受教授们的欢迎，但是对于一个有野心的年轻企业家来说就是噩梦。那些有着很多工作要做的人都有着出色的执行能力，高效精确，直戳要害。

我还有一位非常成功的企业家朋友，他给我打电话的时候，没有什么寒暄，直奔主题，告诉我他的建议和主张，在我想要思考一下的时候，他已经说再见了，然后就把电话挂了。和这种人工作简直就是奢侈！他不会让你觉得无聊和无趣，他的自持、决策能力和效率让他拥有很多的崇拜者。这种执行能力在一个人发展初期不难培养。人们应当不断锻炼这种专注于自己观点的本事，明确自己的业务，精简自己的语言。

没什么比总是谈论与话题无关的内容更糟糕的了。这在一封似是而非的商业信函的第一句话中就能看出来。我和我的同事在追问相关重要的问题已经好几周了，一封一封信地问同样的问题，请他正面回答，但是，每次他都逃避，仿佛不是故意的，但又确实没有回答我们的问题。

商务信函应当建立一种简洁的模板，浓缩成几句话。凝练、全面、直戳重点是成功商人的信函特点，他可能只用几行就能表达清楚其他人需要两页才能说清楚的事情。信中不会有一个字是脱离主旨的。

据说美国教育家阿加西斯说，能够从一小块骨头或者一只脚就能重现一种史前的动物，根据他们的习性，说出他们赖以生存的食物、栖息地，等等，哪怕这种动物在人类起源之前就已经灭绝了。就有这种观察力超强的人能做到从一个单词、一句简短的对话、一个电话或者一张便签就能描绘出对方整个人的轮廓，无论狭隘或宽容，有无逻辑，有序还是无序，都能告诉你他的思考习惯——他究竟是一个轮廓鲜明的人还是不修边幅的人。

这是一种非常优秀的技能，尤其是在商业中，想象一下你要写一封电报，每一个单词二十五美分，而你又要用尽可能少的词表达大量的信息。当你尽可能精确地写完一封信或者文章，重新读一遍，把那些废话都删掉。通过学习这种简洁的表达方法，人们就会迅速改掉拖拉的毛病，不再洋洋洒洒写了好几页，只是一些漫无边际没有逻辑的想法而已。这种练习会极大地提高一个人思考的质量。简洁也应当应用到谈话中，应当试着用最少的词语表达最多的想法。

很多学生没有拿到好的工作职位是因为他们在应聘时候的洋洋洒洒的求职信，但是很多人把自己应聘成功归功于自己精练的申请。我看到过一个企业家如何筛选大量求职者的申请信，就是把那些一页纸的简历筛选出来，因为它们简洁干净，直击重点。老辣的雇主能够一眼看出来哪些求职信的作者是有潜力的，即使他们从未谋面，但是那些又臭又长的求职信，虽满纸溢美之词却无法打动雇主的心。他知道求职者和他们的求职信风格是一样的，那些只用寥寥数语就能传递很多信息的求职信往往会给雇主留下深刻而良好的印象。

当很多小伙子问我他们是否具有在商业上成功的能力，我就会判断他们是不是能够简单直接、直戳要害地表达观点，讲话有没有拐弯抹角，谈判有没有废话。如果他们缺少简洁这种品质，显然很难成功，简洁是一个人是否能够达到一定高度的重要因素。只有那些直击重点的人每次出击才具有能穿透目标的精髓，直取他们的目标。

作家也是如此。那些创作的常青树都是用最简洁明快的语言表达他们的观点。他们删除作品中冗杂浮华的语言，他们选择那些真正能够精确地表达自己观点的词语。他们的作品都是经典，所以他们也都永垂不朽。究竟有什么样的力量才能改变林肯在葛底斯堡不朽演讲中、朗费罗的《人生礼赞》中，或莎士比亚作品中的任何一句话？想想要经历多少个世纪、多少个年代才能把耶稣的故事抹掉？

伟大的作家会花好几个小时去寻找一个能够分毫不差地表达他的想法的词语，或者花一整天去重新写，重新安排布局，重新打磨一句诗。一位伟大的作家在写给朋友的一封信中说："我还是处于一天写一行的状态。"

有些永垂不朽的诗作和散文都经过了岁月的洗礼和时间的检验。一个想要写好一篇著作的人，要花几周、几个月、几年的心血在一首诗或一个章节上。很多作家都因为几个简单的箴言或诗句而出名，然而有些作家写了几卷书还是被遗忘在了历史的长河中。清晰的观点和直率的语言往往是决定作家出名还是被遗忘的最重要因素。

年轻的作者总把英国作家吉卜林的成功归结为他与众不同的天才基

因。天赋是毫无疑问的，但是很多年轻作者却不会像吉卜林一样把同一个故事重写八遍甚至十几遍，为了更加犀利地表达自己的观点，在付梓之前用最精确的语言讲述出来。而有些人希望用十分之一的精力和认真，花之几个小时就能写成一个故事，但是又会因为退稿觉得好伤心。一个编辑会很快看出来这篇文章是经过了艰苦卓绝的思量和推敲，每一个句子都饱含作者的心血。编辑也有一双阅文无数的眼睛，会看到文章缺乏平衡的结构，以及对文字掌控力的不足。前者的作家就是那种满脑子都是如何找到最恰当词语的人，他们对语言上瘾，想要引用特莱恩·爱德华的建议："说想说的话，说完即停。"

很多作家认为编辑是他们最大的敌人，仿佛觉得他们以退稿为乐趣。事实上，好的作品对于他们来说就是金子。他们一直在寻找那些与众不同的作品，有着强烈的感染力、结构严谨细致的优秀作品，这样才会抓住读者的注意力。他们带着遗憾退掉那些不合格的稿件，在他们眼中也是一种没在毫无写作技巧、没经过专业训练、粗心的作者纷繁的稿件中找到合适作品的失败。

在纸上表达自己的艺术是最伟大也是最难学会的技能之一，但是有些不想在公众前弹钢琴的人，他们真正坐下练习了几周甚至几个月，之后几个小时内就完成一篇稿子，寄给了出版社，然后非常惊讶地发现稿子被退回来了。想要获得表达心情、表达灵魂的感悟，让自己能够为希望和灵感发声，能够描绘看到的生活的能力，这是一项要坚持几年的艰苦工作，就像音乐家的成就一样。

大部分杂志的编辑会退掉九十九篇稿件，在第一百篇的时候还会自己润色。年轻的作者无法理解为什么他们的稿件会被退回来，他们的文章情节完整、结构匀称，他们的想法新颖而且被妥帖地表达出来了，但是有经验的编辑觉得这个新手的文章就是在兜圈子，他缺少阅历，没有思想的闪光点，语言贫乏，词汇有限。他觉得作者没什么游历或经历的体验，他在阐述人性和人类智慧的时候是那么高高在上。很多寄到杂志社的文章看起来就像高中生写的一样。他们没有自己的风格或者没有持续的思考，没有对事物表达自己的观点，而且大多数人没有自己的个性。

　　很多文章被退稿并不是因为作者的能力达不到要求，而是他们字迹潦草，态度不认真，还或者明显看不出热情或者自信，仅仅是想要赚点外快。他们在写作的时候急切粗心，没有全盘考虑，也没有提前准备资料。编辑们都很忙，来不及重写稿件，所以不管这篇稿件多有潜力，如果不符合标准还是要退掉。还有些稿件的主要问题是没什么主旨——没有思想只是华丽辞藻的堆砌，还有的根本就是结构混乱。这些文章对于编辑来说仅仅是垃圾或者是不值一提的作品。很多年轻作者的思想和作品杂乱无章，他们把很多事都糅杂在一起，虽然有很多好的想法，但是不知道如何将他们提炼出来，他们的表达能力非常不足。这种作者属于逻辑性不足的人。他们的文章没有起因、经过和结果，但是他们却希望自己的文章能够被接受甚至畅销。杂货铺商人也会希望可以打包出售自己的货物，随便搭配，鞋子、纺线、丝绸和其他杂物都混在一起，可是消费者却只会选出他们需要的某一种或者某几种。

少数作者掌握了精练的艺术。他们把自己的观点都罗列出来，但这让人在理解他观点的时候非常困难——你可以简单浏览一下他们写的那些结构松散的句子。作者根本没有意识到这样的情况，知名杂志的每一个空间都是"寸土寸金"，所以对于编辑来说，精练简洁的语言意味着一切。

最好的作家会在最大程度上节省读者的精力，他们不会让读者为他们做任何事，不会让自己的思想被连篇没用的废话或累赘的陈述占据。他们喜欢简洁清晰的语言。好的作品非常易读，文章的观点不会让含混不清的句子或艰深词语掩盖。读者疲于奔命地去寻找作者想要表达的意图会非常累。人们都想要在读书的过程中轻松愉快。没人喜欢在繁复的歧义、冗杂的辞藻和语句中挖掘作者的思想——这是作者的工作而不是读者的任务。如果作者没有用一种引人入胜的方式表达出自己的观点，如果他让自己的读者在挖掘文章思想时失去耐心，那么他是一个失败的作者。很多年轻的作者错把语言当思想，把数量当质量，想要用一种图书馆式的语言去陈述。爱默生告诉我们，为了保持黄油的绝对美味，每一点杂质、每一滴可能酸腐的酪乳都要清理出来。就像你的想法和观点，想要永垂不朽就要把所有冗余的部分都删除。

写作的用语必须要简洁明快，如果你还想保住你的工作，思想必须直截了当地用最精简的语言表达出来。

如果一个年轻作家能够在最开始的时候就把节省读者的时间这一条刻

在心里，去掉没用的话来节省读者的精力，把每一句话都提炼到最简短，在每一处都进行精练，这样他不仅仅会在创作中掌握到最有用的部分，而且他的文章或者著作也会得到广泛的阅读和好评。这时候即使他觉得自己写得已经足够好，也会尽其所能把语言和思想简化明晰，对观点的阐述却没有丝毫影响。如果他在这个过程中想着每写一个字他都要付出四分之一的美金，那么他会惊讶于他可以省下那么多词语，他竟然重复了那么多废话。他也会高兴地看到自己能够如此高效地表达观点，能够用如此精确的语言重铸自己的文章。

一个人如果不时刻心怀主题，完全融入进去，就不会有力量去写作。读者可以非常快地辨别出来你是否专业，无论是你有着权威的研究或调查，还是有对其他作者思想的回应。如果你在这个主题的了解不够深入从而限制了你对观点的表达，你的无知就会像面包里过少的黄油一样显示出来。不要认为你只是可以阅读一点点文献，蜻蜓点水地涉猎一下和主题相关的内容就可以抓住你的读者，其实你写的每一句话都会显示出你知识的浅薄、研究的贫乏和思想的穷尽。

热情，是创作的必备素质，对于一个浅薄的学生来说可有可无。既然要深入一个主题，那么你就要让自己的灵魂、兴趣和热情融为一体，你必须完全了解，必须用一种热爱的口吻而不是机械地去阐述。去写作是因为你喜欢写作，并不是你不得不去写作；是因为你有话要说，而不是你可以说什么。你必须把"作品值得一读"当成一种使命。你不能让你的读者觉得你并不是他们最初认识的你。如果你一直深入到你研究主题的深处，如果你并没有感到你的笔尖有非写不可的刺痛感，如果你不是文思泉涌，你就不要期望你的读者会跟随你向前；如果你冷漠，你的读者也会像一根冰柱；如果你的文章没有强烈的感情，你就无法把读者的注意力集中在你的作品上。

　　作者与作者的作品是那么不同！最近我只是阅读了几部作品，有的作品中每一个字仿佛是一条导线，带着电流和能量穿过我的身体。阅读的时候，我仿佛都在颤抖。我一遍又一遍地读，每一遍都感到非常震惊。每一次精读都像甘泉汤药唤醒了我的身体，激发了我的灵魂。我能够感觉到作者的每一份经历，每一份颤抖的喜悦，每一份哀愁的沮丧，在他生活中的一切仿佛都在字里行间颤抖。整篇文章都是人类的兴趣、温暖和同情心在跟随着生活悸动，生生不息。我几乎能够根据作者的文章想象出他的生活，因为它们就是作者的一部分，是他经历的全景图。每一个句子都是他生活的截面图。我能够通过他的文字看到一个人，仿佛他就清晰地站在我面前。

13

自信的源泉——
自信，没人能给，更别自己摧毁

我们知道最令人泄气的事之一就是自我责备。经常有人这么做。他们喜欢讲述自己取得的成就多么可有可无，或者与别人比起来自己有多么微不足道。

教会要对这种自我贬低负绝大部分的责任。我们经常能在祷告会里听到这种频繁的自我斥责。人们称自己为不幸的罪人、没用的可怜虫，而不是国王、王后。布道坛上的牧师、祷告会里的信众经常告诉上帝他们有多渺小，却从不敢大胆宣称他们与生俱来的高贵气质与权利，他们哭诉、忏悔、匍匐前行。自然把人类创造成直立的，就是为了他们能够挺胸抬头、毫不畏缩地直面这个世界。在自然面前如此矫揉造作是非常可鄙、消沉的。

《圣经》教导人们要昂首挺胸，大胆宣示自己的天赋人权。如果儿子向父亲低三下四地提请求，那么这位父亲会做何感想呢？他肯定是希望自己的儿子能够拿出所有的尊严和男子气概来的。

　　这种妄自菲薄的习惯容易形成消沉的性格。它消解了自信、独立，抽掉了人的脊梁。

　　妄自菲薄不仅毁掉了尊严，还毁掉了能塑造出真正绅士的平和安宁之美。有些人习惯性地自我抹杀。他们无论去哪儿，都要鬼鬼祟祟坐在后排或者尽可能躲在人们的视线之外，但是人性却总是鄙夷鬼鬼祟祟的。这个世界偏爱的是有勇气昂首直立的人、能够独立思考的人、把自己的每一分一毫都锻造成男子汉的人。

　　爱默生说："除非他欺骗自己，否则没有人会剥夺他生命中的崇高伟业。"只有不再相信自己，才会欺骗自己。对生活和自身的正确评估应该是个性的有力投影。不要以低估自身来开启你的生命。

　　你无法坚持己见的原因之一可能是你对那些把无礼当能耐的蛮横之人的反感，所以你决定为人谦虚低调。但是自贬自抑不可能成为男子汉，将来也不会。有的人由于见识短浅、虚荣心、狂妄自大而吹牛皮，有的人却是基于自身拥有的知识才能和确信自己才华横溢而自信满满，这两者是截然不同的。

　　自尊，是对自身品性的好评，是避免堕落卑鄙、错误选择和完败倾向的最好保险。一个对自己评价高的人，不屑于阴谋诡计。无论你想要什么，一定要在所有危险中保持自尊。钱可以没有，财产可以抛弃，所有物质的东西都可以舍弃，但是一定要保持住自尊。

14

你最重要的财富——
最好的年龄是，那一天，你终于知道自己有多好

丢了自己，赢了世界又如何

没有什么比对自己无条件地认可更有价值。对自己的肯定要坚定，对自己高尚的行为要对自己说"做得对"，对自己可耻的行为说"这是错的"。这些行为准则的树立比建立世界上所有的王国都有价值。别人怎么看你或者怎么评价你都没有什么关系。大众赞扬你或责备你也没什么意义，你对自己诚实的评价才是决定你是屹立不倒还是一落千丈的关键。

很多人被认为在事业上是成功的，常常登上日报头条，同时也被大众追捧。他有钱的邻居去拜访他，发现他是一个不折不扣的骗子。他撒起谎来，脸不红心不跳。每次有什么事提醒他想起他的成功，把财产量化的时候，他总会受到良心的谴责。每次他去参观自己的工厂或者煤矿，看到那

些苍白的脸庞、瘦削的身体、饥饿局促的生命，他们用血筑起了这巨大的财富，那些他们用病痛和辛劳积聚起来的财富，仿佛时刻谴责着他。他们用雷鸣般的声音告诉他，比起世人面前的巨大成功，其实他是个巨大的失败者，他的财富其实是需要耗损人类生命的。他发觉人们的谴责是非常公正的。他剥夺了成百上千个年轻劳动者的成长机会，挫败了他们的斗志，让他们不能接受教育，让他们生活得比奴隶还要苦涩。受父母逼迫投入生活艰苦的斗争中，去贴补微薄的家用，他们根本不知道什么是童年，什么是自由与幸福。

不管他多么没有良心，当他遇到人们失望的眼神时，当他看到糟糕的环境中不幸的孩子为了他自己的小孩儿能过上幸福的生活而艰苦劳动的时候，他怎么能高兴得起来？当他坐着自己豪华的马车，有着马车夫和脚夫的陪伴，经过这些家徒四壁的穷人家的时候，他怎么能安心享受自己的财富？那些孩子精神生活已经坍塌，他们连自己的睡眠状态都无法改变一星半点，这些不幸的孩子渴求的眼神有没有在他的梦里出现过？这些愤恨的脸庞会不会在他举办盛宴的餐桌上，在为他鼓掌的人群中，扬起头来谴责他？

这个没有赢得自己尊重的人永远不能从他的金钱或者地位中获得幸福和满足。

是的，你要对自己有一个完整的评价和认知。如果你能做到，那你永远不会丧失自信，你也不会触犯你的原则，不论你是否拥有那些非难，不论你身在顺境还是逆境，都会阻碍你前进。

最起码当你犹豫的时候，你小声对自己说："淡定，仔细思考。"停下来问问你自己要做什么，要去哪儿。你做的决定是不是有问题？你必须马上修正，不要向那些干扰妥协，不要屈服于它，就像对身在暴风雨中的水手的考验，水手应当坚持把握住船的方向，因为他就要往那里前行。试着去主宰罗盘，让你的船在路上躲开岩石或浅滩。沿路的大洋中，有多少生命因为罗盘方向不准或者自己的道德心妥协而沉入深海。

遵守自己的认知的时候一定要诚实。如果你不诚实，就无法在道德的标准前经受住考验。哪怕真理和道德只有那么一丝一毫的偏离，哪怕里面的欺瞒和不实（如果需要考虑在内的话）只有微不足道的一句，你也必须一点点修改。如果你坚持停留在偏离的氛围中，将永远无法到达你所追求的彼岸。

你不能把破布当羊毛卖，不能说三十二英寸就是一英尺，不能说三十夸脱是一蒲式耳，或者把本地产品说成是进口的，你不能用劣质的产品欺骗你的雇主，那是违背良心的。

如果你对自己有要求，不管你有多么渴望别人的东西，你都已经富有。你可能是在挣钱或者赔钱；你可能住在豪华的房子里，或者住在一间破木屋里；你可能一身奢华，或者只能戴一些不值钱的玩意；你可能驾着体面的马车或者只能步行；你可能有自己的朋友，也可能失去了友谊；你可能有自己对待世界的观点，但是如果你没有泯灭自己的良心，如果你相信自己，如果你对生活有自己的原则，如果你充满热诚和真实，如果你能正确看待自己并且毫不畏缩，你就会感到幸福，取得成功，即使在世俗的人们眼中你是失败的。

人们住在豪华的房子里，驾着体面的马车，挥金如土，沉溺其中，他们有有多少人愿意拿出一半的财富来换取自我认知？

据说，最卑劣的罪犯也会有一种正义感，他们会在心里说着"阿门"，法官宣判的时候，他嘴里颤抖着说："我罪有应得。"这是他最好的自己，永远不会背离，也会引导他通往胜利，就像太阳给地球送来鸟语花香一样。

向上看，不要停止前进的脚步

不管一个人多么贫困，只要他一直在进步，不管多么缓慢，他的生活也是幸福的，他也拥有希望。但是当一个人停止进步，当他不再追求更高更远更深的目标的时候，他就失去了前进的力量，他的生活也将变得停滞而无趣。

圣人不断进步的过程中也有一个永远不变的原则——永不满足。

如果失去了卓越的目标，最高尚的灵魂也会堕落。这种追求就像是伟大灵魂的发条，让他们不断前进。追求卓越的热情就是上帝的召唤，让我们勇往直前，免得我们忘记了神圣的初衷，而又坠入野蛮。这个原则是人类发展的保护伞。这是上帝对人类发出的声音；这是从心底对每一个行为发出 "正确"或者"错误"的轻声耳语；这是我们人类世界的宝石。

埋葬一颗鹅卵石，它会永远遵循地心引力；埋葬一颗橡子，它会追求更高的目标去生长。在橡子体内，有一个关键的力量比地球更具吸引力。所有的植物和动物都想要向上爬，都想能够站得更高。大自然会给生物们耳语："向上看。"人类在所有动物之上，应当掌控万有引力。每一个人真正的抱负应当是："没有最好，只有更好。"

在一个人的雄心壮志实现之前，他的身心很难完全达到健康的状态。真正的满足应该是在所在的领域达到卓越，而不仅仅是比几个弱小的对手好一点。紧急情况肯定会很特殊，能够证明你活下去的环境极度稀少，一直都在提醒你在为这些最高最好的条件付出代价。但是，有一种健康的强化剂来自于健康的运动，这是对你来说最强大的东西。有一种满足，是对完整、完美的向往，永远不会从那些弱小的人那里获得。

即使是无人知晓的坏事，即使它并不伤害你的名誉也不要做。看到一个健壮、有能力且受过良好教育的人试图生存，但是要通过狡猾贪婪获取，通过用假的广告和谣言给他们催眠才能如愿以偿，那不是一件值得怜悯的事吗？人们有权利选择能让自己发挥出最大潜能的工作，在得以生存的同时，接受更多的教育和最广泛的文化熏陶，而不是选择那些埋没他们天性、特长的工作，这只能让他们对职业的敏感和天赋消失殆尽。当我们领会到，职业不仅仅是用来谋生的，还可以塑造人，这时候我们才能开始生活。

不管一个人在书上、在岗位上、在平时观察中学到了什么，多去吸收不同的文化——智慧的或愚昧的，道德的或不道德的，精致的或粗俗的，忠贞的与不贞的，从习惯中学到的比通过其他途径或与其他途径一起学到的更加得体，这些都是不可争议的事实。

"我们从社会中提取颜色为己用，"盖基说，"就像树蛙根据树叶的颜色变化自己的颜色一样，或者像阿尔卑斯山上的鸟儿，根据季节的不同变换羽毛的颜色一样。东风吹开了花朵，暖和的南风让它们绽放成一片粉红色的云海。问问'羞愧'和'内疚'，它们会告诉你是'榜样'和'交流'把它们变成这个样子；另一方面，'荣誉'和'高效'让那些欠的债尽快得以偿还。"

当然，对于所有其他的事也有特殊情况，但是仅仅是很少的一些。最重要的一点是，我们是镜子，可以反映出我们看到的一切，无论是生活中的丑陋还是美丽。我们就是回音廊，只是返回我们听到的回声。

我们应当感恩，这带来的好处和坏处一样容易和深刻。成千上万的智者都是从最开始高尚的品质开始的。每一个和菲利普·布鲁克斯一起登上冠军领奖台的人中，从人格的角度上讲，只有他本人更值得拥有这个位置。"我几乎没有见过安德鲁总统，"一个布朗大学的学生说，"但是我觉得他在我心目中的印象非常好。"

一首东方的诗句用一种得体的形式，用一种身心皆有的专注说道：

每一块芬芳的土块都在向你敬礼

每一位过客都被香气迷醉

不像平时的土块

在香气包围下

朝圣者倚它小憩

嗅到芬芳，问道

你是土块还是麝香

还是香料在散发芬芳？

对那些沿途经过的人

土块谦虚地说

我必须承认我只是尘土

但是一旦玫瑰在我这里生长

它会扎根，开花

然后吐蕊，散发玫瑰的甜美

会把我丑陋的身体盖住

这样就能给所有经过的人

展示它的芬芳

15

属于你的最好的商标——
当你一无所有时，你靠什么赢得别人的认同

🍃 把你的名字和某种美德划上等号

现在，人们花许多的钱，费很多脑力通过专利和产权来保护自己的大脑和双手生产的结晶，即便他们的想法被他人欣赏并效仿。有一个可以安全保护自己的智慧与勤劳结晶的方法，就是把事情做得比别人好一点。

斯特拉迪瓦里制作的小提琴不需要专利证明，因为没有其他任何人会愿意花费这么大的代价将卓越的印记标在自己的乐器上。很多制作者满足于制作便宜的小提琴，并且嘲笑斯特拉迪瓦里花费几周甚至几个月的时间在一把乐器上，而他们只需花费几天。斯特拉迪瓦里决心要让自己的名字变得有价值，通过将它变成商标来永远保护它，这标志着他的个性——一位脚踏实地的实干家。他的名字就是他的专利，他的商业标签，他不再需要其他的了。

天文钟上面的格雷厄姆的名字就是对产品的足够保护，因为在那个时代没有其他人能够做出如此完美的计时器。他在伦敦学习到了这门手艺，而他制造的计时器可能是全世界最精致的机械——他的名字印在计时器上是对计时器优秀性能的正面保证。

约瑟夫·杰斐逊（Joseph Jefferson）作为戏剧《瑞普·凡·温克尔（Eip Van Winkle）》的唯一标志已经长达四分之一个世纪之久。他将他出演的部分打上了卓越的烙印，以至于没有其他人可以到达他的境界。

"蒂凡尼（Tiffany）"这个名字在任何一件银器或者珠宝上都是这件珠宝所需要的全部保证。

赫勒，从在纽约沿街叫卖一篮子蜜糖糖果开始，就已经把自己的名字变成了对一包糖果近乎专利的保护。

这些名字就是真诚的同义词，它们的出现就等同于商标或者专利。没有人会想要去质疑如此优秀的商品的质量或者产品的可靠性。这些名字代表制造者与特点，这就是最完美的保障和最好的广告，它们的被提及都带着尊敬。相反的情况是，一个尝试将自己伪装成人才的微不足道的人，或是一家无足轻重的却标榜自己拥有优秀产品和服务的公司，时常都是被人们轻蔑地提起。我们从来不会尊重一个交易仿冒品或者是制造销售劣质产品的人，我们只会选择原创真实的作品。人类的思想偏爱确切、真实、原创和那些环绕着真理之轮的事物，讨厌那些虚伪的东西。

注意那些专注于制造和销售优秀商品的人与那些花了一辈子时间在便宜货上的人品质上的不同，后者花了一辈子时间买卖谎言，或者廉价的粗制滥造的东西，不论是珠宝、衣服、家具、股票还是债券，都是对任何形式的高贵和卓越的侮辱。

在性格方面，蒂凡尼的雇员也与那些售卖假冒伪劣珠宝店面的销售人员有着极大不同。

真正影响他们的并不是是否制作或者销售了仿制品，而是他们在与一些劣质的东西打交道这件事上。虽然他们已经非常了解仿冒品的劣质，但是他们在与客人打交道时还必须装作不知情。

分享虚假的东西是一种堕落的行为。世界上有足够多的真善美等着你去发掘，所以你不需要将自己与它们的对立面牵扯上关系，而是应该将你自己与高处的建筑联系在一起，然后卖出更多的产品。

"永远不要将你自己的名字放在任何证书或者作品上，除非你认为它值得你这么做。"参议员乔治·F·霍尔（George F. Hoar）在一次演说中对学生们说道，"首先，你可以选择抛开你的工作，从而没有人可以命令你做一些你认为是错误的事情。洛厄尔这座城市建造在梅里马克河河上，大坝和运河是为了抵抗谁的力量而建造的？当时在美国还没有能胜任这一工作的工程师。一位来自英国的年轻人应征并且受聘负责这个工程，他俯瞰已经完工的部分，发现在六年前，这个村庄曾经经历过一场巨大的洪水。他走向建筑公司的负责人，说：'先生，你必须重新建造洛厄尔这个工程。'

"'我们不能这么做，我们已经投入了巨额的资金，只能冒险了。'

"'那么，先生，'弗朗西斯说，'这是我的辞呈。'

"负责人重新考虑后，在弗朗西斯的指导下进行了重修。一年后遭遇了一场洪水，这座小城和这项工程经受住了考验。要不是重新进行了修建，这场洪水一定会将地面上的所有东西都扫干净。这是我们应该从中吸取的教训。"

如果一个人总是用最佳的自我期待要求自己，其带来的影响将是无法估量的。在精确无比和略有误差，在优秀与中庸，在非常好与最佳之间有着巨大的不同。并且，我们需要有意地维持一个准则，不论是在思想上，还是在生活中的任何事情上，从挖玉米、修鞋子，到为一个国家制定法律，从而给我们自己一个向上的趋势，这是习惯于趴在地上生活的没有追求的人身上所欠缺的一种鼓舞人心的品质。

这种总是做到最好的习惯会深入一个人的骨髓、内心和个性，它将影响一个人的气度，使他泰然自若。一个总是把事情从头做到尾的人给人一种安静的感觉，他不是在做一些哗众取宠的事。即便失去平衡，他也没有什么可以畏惧的，他可以平静地看着这个世界，因为他相信自己没有做任何掺杂虚假的事情，也没有什么令他感到羞愧的东西，他知道他总是做到自己能做到的最好。一种高效，不论是对一项技术的掌握，还是在处理紧急状况时的临危不乱，一种不论发生什么都知道自己有能力做到最好的意识，将会赋予灵魂一种满足感。这种感觉是那种半吊子的工人永远都不会明白的。一个从不忽视工作的人，一个永远将手上的事情做到完整的人，相当拥有了一剂长久的补药——没有其他事情可以给予像完整做完一件事一样带给人们的满足感。

🍃 坚持做正确的事，让你的名字越来越值钱

当一个人对他正在做的事感到激动并且认为能够解决这件事的时候，他身边的一些人都会祝福他，并且给予他毫无保留的无条件的支持。这是一种幸福，是一种成功。这种活跃的力量感使得所有技能都得到了最大的发挥。它激发了精神、道德和身体的力量，并且随着这种成长，带来更加广阔的精神世界和更加宽广的视野，从而给人一种额外的不能用语言形容的满足感。这是一种高尚品德的实现，一种心灵的神性。

笔者有一位朋友，曾经在我的事业上给予过我不可估量的帮助——他从孩童时期就立下规定，不允许任何事情从他的手掌心里面流失，除非完整地做完整件事情并且得到努力回报。其他人可能非常匆忙，或者对他有所担忧，抱怨对他来说都不重要，他不会被引诱脱离他的工作，直到他在工作上打上了完成与卓越的标签，他才会把它放下。在这么多年亲密的交流中，笔者从未收到过一张匆忙的潦草的书信或是便签，或者没有任何把

握好恰当分寸或者精准措辞的书信。人们羡慕他做事的卓越和优秀，但是这就是一直坚持把一切做到最好的结果。他从来不猜测什么，他坚持完全的精确以完整地做完自己想做的每一件事。

这种习惯在这个男人身上有着巨大的影响与作用，他的个性坚韧并且丰富，没有任何虚假的言辞粉饰，一切都环绕着真实。他是非常诚实的、透明的，并且很大一部分个性上的不对称归结于他把所有事情都争取做到最好的生活习惯。

不论我们做的事情是不是会被他人发现，我们都应该给自己支持。当我们完美地做成了一件事，对自己说："你做得很对。"对那些半途而废的工作或是不认真的人说："你这样不好。"也许会有一个微弱的声音一直重复着："不对，不对！这样完全不对，是错误的，你知道不对。"它在说我们是失败者，虽然确实有失败的时候，但是这个世界仍会给我们鼓掌，我们的成就会铺天盖地。有一些事情是比世界的掌声更加可贵的，比他人的支持和赞同更加美好，那就是尊重我们自己。我们如果连自己都不能尊重，尊重别人只会是个笑话。

然而，当继续懒散的生活方式和潦草的工作时，自我谴责不再有用，懒散的作品也不再让你觉得糟糕，于是你也向粗心大意的诱惑缴械，很快就变得麻木，然后某一天发现自己已经开始习惯性地轻视工作。一点细小的自觉性的丧失已经变成了习惯中坚硬的砖石。自觉性不再管用，自尊心开始退出舞台。于是即便我们用最潦草的方式完成工作，我们也不会有一丝一毫的不舒服或者悔恨。再过一阵子，如果这个趋势没有被控制，那么整个性格都会受到不良的影响并且被腐蚀成蜂窝状，于是所做的一切都将会有一定程度上的不完整性，全都不是那么准确，都缺少了一些什么。这些行为对一个人态度的影响就像不诚实一样。事实上，在决定接受一个职位并且承诺会做到最大努力之后却变得轻慢，半途而废，这是一种不诚实的表现。许多监狱里的犯罪分子，他的堕落是从他习惯性半途而废和将不诚实带进工作开始的。

如果你非常坚定并且有志将工作做到最好，那么在你事业的每一步，你都不会让工作逃出你的手掌心，直到完成，你会将你的个性带到工作中去，并且将它刻作你个人高贵品质的印章，那你就不再需要提供任何的保障，不用专利，不用产权。你和你所做的工作都将会供不应求。

人们从来都对出色和卓越充满信任。只要长期以来都对更大、更好、更真有着不懈的追求与渴望，那必定会带来机会。只要一个人保持追求更优秀的状态，这样通过不断进取达到的优秀就永远不会被超越。

16

被监视的男孩——
使一个人值得信任的唯一方法就是信任他

　　有一个男孩一直被监视着，他的每一个动作都会受到各项严格检查，你知道吗？那个被监视的男孩并没有什么不好的地方，你知道吗？其实有些人一直在习惯性地被放在显微镜下经受父母和老师严苛的检查，从而锻炼出一颗强大包容的内心，你知道吗？可能并不是每一个人都如此，但是你会发现，一般来说那些不受信任或者没有荣誉感的孩子都会心胸狭窄、吝啬多疑。

　　"近朱者赤，近墨者黑。"根据自然法则，万事万物都在寻找和自己气场相合的事物。一种挑剔多疑、吹毛求疵的生物必然会唤醒甚至加入到那些最糟糕的品质中去。他们的下属也会变得不诚信，因为怀疑的想法总是围绕在他们周围，以至于让他们自己都怀疑自己的品格，最后觉得参与进这个猫捉老鼠的游戏中没什么不好。那些一直警觉怀疑的男孩儿们做事也会战战兢兢，时刻担心自己是不是做错了事，即使十分微小的错误也会觉得自己不值得被信任，正是因为这些糟糕的品质，父母和老师才因此不会嘉奖他。

如果有一件事比发展强大高贵的性格更重要的话，那就是自由感。一个男孩必须感受到被信任，这样他才不会时刻感觉被怀疑，老师和父母会赋予他荣誉感，赋予他自信心和勇气，让他变得诚实可靠，否则他的性格会被扭曲。

如果你一直不信任地监视你的孩子，你永远不会将他塑造成一个最好的男子汉。因为你监视他的时候无法培养他的自我意识，破坏了他的天性和自觉性，还浇灭了他的热情。

给你的孩子提建议，爱他，用同理心对待他的希望和计划，告诉他你依赖他，他做的都是正确的，你完全信任他，这样你就会得到一个最好的高尚的他。但是你只要压抑他，怀疑他的诚实和品格，一点小错误就根据自己的立场苛责他，那么你永远也无法看到他长成一个高尚的男子汉。

一个被压抑和奴役的种族无法进步，无法塑造出强健的品格。不管是被奴役的大人，还是孩子，都无法在一个心灵足够宽敞的环境中塑造高尚的品格。

哈佛的校长和教授决定给他的学生们足够的自由，而不是去监视他们，不让他们时刻感到有一双挑剔的眼睛在注视着他们，会谴责他们。当宣布功课和活动都不再强制的时候，学生的父母都强烈反对，认为自己的孩子将会从此堕落下去。但是查尔斯·艾略特校长却不这么想，他的教授生涯已经证实，被监视的学生永远无法产生对知识的渴求和毅力。他向学生的父母们保证，解除了这些强制的规矩，他和其他的哈佛教师都会为那些拥有兴趣的学生工作。他还对那些家长指出，他们的儿子的男子气概必须要激发出来，我们必须要相信他能够约束管理好自己。他们会把自己的荣誉放到最高位，在毕业的时候带上学位证书走出校园，而对于弱者，在很多方面都会缺乏自信和开拓的勇气，更别说去改变世界。

曾经的学生都在像铁一样的规矩的包围下受到监视，就像个三岁小孩一样完全没有自我管理能力。现在我们的学院就是这样的。仿佛孩子们随时都被盯着，而且就像一个个在逃的小偷。他们被强制去参加祷告，缺席还会被记录在案。点名也只会引导他们说谎或者不断为自己的缺席给出各种各样的借口。简单来说，他们就是在受到不尊重的待遇，他们不被信任，被强制要求规范自己的言行。结果他们无时无刻不在从教授眼皮底下逃课，都会不顾一切打破所有障碍。长时间的压抑使得他们没有自由去考取执照，即使他们等到了那个机会。

这项改革的实行，是通过全国领先的哈佛大学顶尖教育学教授审核的。现在，我们的学院给学生充分的自由空间，而学生们也展示出了他们的责任感和荣誉感。他们被信任能够管理好自己，他们得到了独立思考和执行的时间，这能让他们更加强大，更加独立，更加有条理。现在，即使学院人数远比之前多得多，相对于艾略特校长颁布这项规则之前，哈佛触犯校规的学生数量依然大幅度下降。

想要提高独立性和个性，必须要给他们活动的自由。对于一个男孩来说，哪怕犯几千次错误也是好的，因为他们可以为自己的行为负责，这比总是拄着拐杖或者被其他人强制去做正确的事要好得多。比起按照绝对正确的路径走下去，哪怕自己独立地踽踽前行也是好的。只要能让他们获得自信，哪怕经历一些挫折也比被别人领着走平坦的大路强。

17

天才也需要右手——

将来的你，一定会感谢现在拼命的自己

自由人自由地工作：那些敬畏上帝的人，也为日日安逸忧虑。

——伊丽莎白·芭蕾特·布朗宁

天才独立工作，你兢兢业业地工作的领域就是你追求像神一样永恒的世界建设者。

——卡莱尔

时间太宝贵，根本来不及恐惧生与死。

——爱默生

手持铁锹心在天，

打理好土地来耕种；

把又干又黑的种子种下去，

长出来的是粮食。

好好工作及时喂马，

劳逸结合有效率；

这样辛勤工作的人会得善终。

当他完成使命，

便会永垂不朽。

——阿林·卡里

你每天工作祈祷，

把棘手的事情都驱赶出去；

拔掉罪恶的野草，

让天堂温暖的阳光照进。

——惠蒂尔

🍃 越努力，越幸运

"我工作了一整天！"一位法国军官为自己没有把所有安排的工作做完而抱怨道，而这时，整个军队绷起每根神经整装待发进军埃及。

"但是，你又整晚没睡是吗？"拿破仑责难道。

约书亚·雷诺兹对天才的定义是："对突发事件有强大的内心能经营。"

"当我听说一位年轻小伙子被赞誉为有前途的天才，"罗斯金说，"我问他的第一个问题总是，'他工作吗？'"

强调了"经营"和"工作"这两个词。你会发现上百人都被误认为是"天才"，殊不知，成功的秘密是工作。

一个非常愚蠢却流行的概念是，踏实与才能不匹配。这个错误的观点是，敬业的美德和杰出的天赋是不可兼得的，这让很多人在人生的比赛中失败了。年轻人都有一种想法，"天赋"才能成就伟大的事业，不管怎样，如果他们有了那样的天赋，就会毫不费力地变成伟大的人。他们理想中的天才就是不用学习，或者那些不时做出奇迹般的事迹的人；一个偶尔能拿出一支魔杖满足自己需求，随时给自己减压回归放松的人；一个不平常的玩世不恭的人，在火炉边思考自己的事业或梦想的人；一个强烈地想要做一番出其不意的事业的人；一个厌恶命令和规矩，拒绝忍受束缚，讨厌啰唆和苦力的人。他们都认为，成功就是一蹴而就的。"一篇好的杂志文章，一幅画的走红，一场商业演讲或者商业作为能力的养成，都会在这之前经历漫长的时间酝酿，他们犯过很多错误，才能一蹴而就，让他们一步登天。"他们一直在等待，在憧憬，他们因为突然的原因可以成就伟大的事，然后引来全世界的目光。他们忽略了持续不断努力的力量。他们没有辛勤工作的信念。他们不明白敬业和不断努力创造的奇迹。

　　你是不是也习惯认为，莎士比亚是一位天才？看看本·乔恩对他的评价：

　　　　除了有诗人的天赋，他的艺术基因的确能引领潮流。

　　　　但是他也要孜孜不倦地写作来保证温饱，

　　　　（像你们一样）

　　　　之后他达到了事业的第二个高峰，

　　　　在他的生花妙笔中，把相同的都颠覆，

　　　　（连同他自己）

也培养出自己的框架，

或者，为了桂冠忍受嘲弄——

这就是一个伟大诗人的生与成。

你可能会说，像乔·拜伦所说，诗人不是天生的吗？他自己却说："我所知道的天才的一切就是每天工作十六个小时。"

你是否知道《大卫·科波菲尔》《荒凉山庄》《匹克威克外传》究竟耗费了狄更斯多少精力？"我的想象力，"狄更斯说，"从来没有为我所用过，但是谦虚、耐心和辛勤工作的习惯却让我受益匪浅。"

成年累月地辛勤努力工作，读了上万卷书，乔治·艾略特才完成《丹尼尔的半生缘》，挣了五万美金。

安东尼·特罗洛普"是一心只为钱工作，而不是为自己为他人工作的人，认为自己有天才的基因，虽然已经是一个成功的小说家，但是还给自己安排了严格的每日写作一万五千字的工作，风雨无阻，无论情绪是否对路"。他每天都执行另一个文学家给他的建议，即使写作没有坚持，也至少在精神上坚持，他也将这个建议推荐给了罗伯特·布坎南："当你坐下写作的时候，把一片修鞋匠用的蜡放在椅子上！这是唯一能让你投入工作的方法。"

乔治·帕森斯·莱斯罗说过，绝大部分知名的作家都会每天努力工作十二到十六个小时。他们每天都强迫自己这样连续工作，即使有时候他们该休息或娱乐。"就我自己来说，"莱斯罗说，"我认为不休不眠地持续工作是一种需要，我也想过很久，这可能是因为我太愚笨，但是看看其他作家，他们也是世界眼中的宠儿，也工作了这么长时间。我热爱我的工作，我诚挚地敬畏艺术，但是，当我的手指一触到笔就要不停地工作八到十个小时的时候，这对于我的大脑和神经来说都是一种煎熬，我承认，由于责任，我要把认真负责精确严谨地带入到工作中。即使辛苦的工作也有鼓舞人心的魅力。我能在我劳累的工作中找到安慰，因为这份工作能够让我一直发挥自己最大的能量，而且通过这份工作我能赢得时间去做更好的事情，而这些事不是那种让你挑战人类极限又给金钱补偿的工作，而是仅仅从接地气的最严格的文字应用中获得巨大的持续的快乐，传播一种专业的作家不用辛苦工作的理念，这对我来说完全不是这样的。这会对那些有志向有抱负的人产生误导，那些人没有真正了解到这其中巨大的问题——如何在灰心丧气，不断消磨你的耐心和努力的情况下呈现出最好的作品。"

"我知道没有涵盖所有专业的书，知道没有被遗弃的文学，知道没有囊括所有艺术的著作，但是如果有的话，作者一定可以扬名立万，而人们却不知道这是经过多么长时间的耐心积累。天赋需要勤奋，就像勤奋也需要天赋一样。"

"天赋是伟大作品的开头，"朱伯特说过，"而劳动负责完成它们。"

"哦！如果我能用画布实现梦想那该多好啊！"一位充满热情的年轻

画家鲁本斯指着自己最美丽的一幅画说道。"指望画布实现梦想！"经理咆哮道，"你必须学会如何安排好一万多次的笔触，来实现你的梦想。"

当鲁本斯变成了一位著名且富有的画家以后，一位炼金术士就催他给他的炼金术提供资金，因为炼金术士非常确定自己掌握了点石成金的秘密。"你已经晚了二十年，"鲁本斯回复道，"我早就发现了这个秘密。"鲁本斯指着自己的调色板和颜料刷说，"我所接触到的一切都会变成金子。"

迈克尔·安吉洛对拉斐尔的评价是："他拥有我接触过的最美丽的灵魂之一，他把自己的成功归结于勤奋努力而不是天赋。"

"很多年轻的画家，"歌德说，"如果他们能够足够早地事先感觉到、理解到是什么真正塑造了像拉斐尔一样的大师，他们就永远不会放下手中的笔。"

"我工作比农夫还要辛苦，"米利特说，"我给所有小伙子的建议是'工作！'他们不可能人人都是天才，但是他们人人都能工作。如果不努力工作，即使最优秀的天才也泯然众人矣。我永远不会推荐一个人去做艺术家。如果一个小伙子真的想要将艺术家作为自己的终身职业，那他不用被推荐也能成为一位优秀的艺术家。很多家长都带着他们的孩子来找我，问我能不能给他们一点建议，好把自己的孩子培养成画家，我总是说'不可以'。因为不管孩子想要成为什么样的人，他必须在上面下功夫，学习其中细微的知识和无趣的部分，只有这样他才能在某个领域有所建树。"

"没有人能够随随便便成功，"另一位艺术家阿尔玛·塔德玛说过，"如果你想要成功，必须要努力工作。"

"人们有时会把我的成功归功于我的天资，"亚历山大·汉密尔顿说，"而我所知道的所有的天资不过是努力工作。天资依赖于：当我手头有一个工作的时候，我投入地去学习。它每时每刻都在我的脑海里。我在各个维度探索，生活中处处渗透着它的影子。这时我所做的一切努力在人们看来却是天赋的硕果，而不是辛劳和思考换来的。"

在丹尼尔·韦伯斯特十七岁生日的时候，他说出了自己成功的秘密："工作让我成为我现在的样子，我的生活中没有一天是空闲的。"

牛顿对自己的成就又是怎样评价的呢？"如果我有对世界做出贡献的话，那除了努力和耐心思考，别无他物。"

"人们之间经历的不同，"赫胥黎说，"让我越来越觉得聪明只是很小的因素，而成功最重要的因素是努力工作和不断坚持。除了你用汗水和努力浇灌出的成就，没有哪一种财富称得上是真正意义上的成功。

去走一条能成就你的路
去走一条能成就你的路，一条与众不同的充满着自我否定、辛苦工作、伤心头疼、紧张心碎、垂头丧气、绝望恐惧的路。这才是伟大的诗人、伟大的演说家、伟大的历史学家、最才华横溢的人，他们至少和体力劳动者一样努力，这也是他们脱颖而出的最明显的原因，他们在取得成绩的路上经历了更多痛苦。"拥有无限承受痛苦的能力的人"是卡莱尔对天才的定义。并不是说你经历了痛苦就会让自己成为天才，可能你的天资并没有给你特殊的天赋。我强调的是，并不是那些拥有天生的伟大能力的人才能有最高的成就，而应该把自己的才能和勤奋努力结合起来，并最小心翼翼地约束自己，这些能力都来自于实践、工作和经验。正确判断和专注投入比起才华横溢对你来说更加重要。在平时的业务中，任何事都能通过努力达到，而仅仅通过"天赋"却无法做到。对于年轻人来说，很多事都在努一把力就能够成功的范围中，但是仅仅凭借某种"天赋"却永远无法拥有。"没有什么艺术啊科学啊，"克拉伦登说，"是努力学习无法学会的。"

"不屈不挠的努力，"有人说过，"比易逝的天赋更值得人们尊重，也更有用。""并不是所有最高的天赋才是生活的最好，"约瑟夫·库克说，"有时候，老练的努力比天赋更重要。"如果一个天才没有扎实的常识做基础，工作中需要的知识也很有限，那对于雇主甚至社会来说用处不大。可能会有天才这么一回事，但是十有八九这只是展现了他们对于学习良好的耐心，在那些疲倦时一心幻想事情会出现转机而不去创造转机的人唉声叹气的时候，耐心的人们取得了成就。

是什么造成了学校里的"聪明小子"泯然众人矣，而那些不断努力的同学却能够不断慢慢崛起？他们在生活的长跑中落后了，因为他们没有意识到刻苦学习的重要性；他们不屑于实践，轻视人们的迟钝和厌恶；他们喜欢引人注目，喜欢几乎不用工作却有丰厚的回报；他们讨厌劳动得满头大汗，讨厌生活的烦恼和乏味的人际负担。

"有一条箴言是这样说的，"约书亚·雷诺兹说过，"我只会因为自负、徒劳和空闲失败。我不怕重复做一件事。你必须无视你自己所谓的天赋。如果你有很厉害的才能，努力会让它们熠熠生辉；如果你很平庸，努力会弥补能力的不足。没什么事离得开正确方向的努力，没有什么成就的取得离得开不断的努力。"

向你的榜样致敬，用敬畏的心看他们是如何走上人生的巅峰的，但是记住，不仅仅是给一颗敏感和激情的心注入鲜活和富有力量的想象力就能让你成为莎士比亚；而是诗人不懈的努力成就了他，他的天赋在他的著作中才得到了展现。"人们需要的不是所谓的天赋，而是理想。换句话说，不是成就事业的能力，而是艰苦奋斗的决心。"

18

把工作干成一首诗——
愿你拥有选择的权利，选择有意义、有时间的工作，而不是被迫谋生

虽然两个人做同一件事，但是两者之间却有着千差万别。我们知道家庭主妇可以让家务成为艺术。不管在烤面包、做馅饼、铺床或者擦洗家具的时候，她们都有艺术家的气息。她们在带着快乐做那些其他主妇讨厌的事，在她们眼中，收拾家和照顾孩子不是苦差事，她们把一切都上升到了艺术家的境界。事实上，我们都知道家庭主妇在做这些最最平凡工作的时候，是带着怎样一种敬业的态度，让她们自己沉浸在宁静和放松中，看她们工作真的是一种快乐和享受。她们快乐地收拾家里每一件家具，让那些陈设显示出自己的品味，整个家的氛围都那么精致整洁。这就是能抚慰心灵的家。

我们知道还有一种女性把每一点家务都看作是苦役，想要尽可能地甩开它们。她们畏惧家务，能拖则拖，直到她们能够一举拿下。当她们做完的时候，看不出家里有一点和谐和整洁的迹象，更别说抚慰心灵。你会有一种所有事情都是乱七八糟的感觉。换句话说，有些工作是本着工匠品味做的，有些事则是根据艺术家的精神做的。

当一个人真正热爱他的工作的时候，你能非常轻易地看出来。他的工作中充满着创造性和自发性，一旦有轻微的触碰，那么这个作品就失去了之前自然的灵性，看起来像个苦工的作品。

如果家里的保姆不幸病了或者走了，有些女性就会觉得不自在，她们必须要捡起自己的本职工作。但是其他女性却非常大度地时不时给那些家政女孩一些假期，即使她们不要。这些家庭主妇也会非常开心地自己准备饭菜，自己做家务。换句话说，她们即使在做家务的时候都会充满欣喜和艺术感——她们把灵魂融入进去，表达着她们的品味，赋予了工作一种精练和整洁。但是另外一些主妇却正好相反。

我们也能从办公室、商店以及公司看到相似的事情。一些员工拖着疲惫的身体工作，仿佛这些工作的存在对他们来说就是一种负担，时刻给你一种他们讨厌自己工作的印象，想要把工作尽快做完。他们还会抱怨，为什么自己要做这种苦工，而其他人却可以有那么轻松的职位。这让人看了也觉得这些工人做每件事都那么辛苦，做那些他们鄙视的工作。尽管这对于很多人来说的确是件快乐的事，我们可以看到那些人有着轻盈丰满的内心，总是那么朝气蓬勃、乐观向上、乐于助人，总是想要去帮你做些什么，焦急地想要看到你的工作步入正轨。全心全意地工作和心不在焉地工作的确有很大区别，就是热情的和冷淡的服务的差别，就是认真的和冷漠的店员的差别。

每一个经理或者业主都本能地希望自己的店员认真负责、乐于助人。当工作中遇到这种人的时候心情就会蓬勃向上，他感觉这种员工散发出来的敬业气息一直在持续。他知道这些员工在努力帮助他，有些偷懒的和担心工资发少了的人肯定会在他们工资信封中见分晓。

另外，他也能感觉到那些整日委靡不振、垂头丧气、漠不关心的气氛就是那些粗心大意、冷漠懒惰的员工散发出来的。你能感觉到那些用心工作、真正对工作感兴趣的人和那些强迫自己工作的人的区别，当你看到他们的时候，不管结果什么样，他们只是做好自己分内的事。

我们知道，有的鞋匠在做鞋的时候都会把鞋底做得干净整洁，那么讲究，那样细致，散发着一种艺术气息，让你感觉到仿佛他就是艺术家，他们把全身心融入到工作中。有些鞋匠做鞋，仅仅是维持生计，不会关注鞋子长什么样。第一种鞋匠做这个工作是因为他们真正喜欢，而不是希望在其中得到什么，他做出的鞋子可以说是整个城镇中最好看的。

我们知道，速记员的工作要求他们记录准确，这些工作人员感到非常快乐。但是有一些速记员对待自己的工作却马马虎虎、冷漠粗心，即使犯了错误他们也不会感到愧疚。但是前一种速记员会因为自己犯错，给雇主带来麻烦和焦虑而感到痛心疾首，仿佛这些损失是他们自己的。

我们知道，有的老师来到学校就是出色的管理者，怀着激动的心全身心投入其中，用同理心、认真负责的态度帮助学生。他们乐于助人，仿佛每个毛孔都散发着阳光。教室就是他们的演播厅，他们掌握着自己的台词，他们一心扑在工作上。而有的老师在新的一天开始的时候，就会觉得上班那么无聊，还要教这些小屁孩儿，他们多么希望不再履行这种义务。他们在工作上没有热情，他们把工作和生活的心分开，当然这种看法是有传染性的，其他老师在感染下也有了这种态度。

牧师的情况也是这样的。有一种是像迈克尔·安吉路一样在讲坛上布施，他需要越过大理石台阶，好尽快去他热爱的岗位工作。他们把自己的工作视为对自己的恩惠，是一种内心发出的开心。他们用一种艺术家的情怀去工作，但是其他的牧师却不是这样的，他们冷漠，或许喜欢阅读，喜欢社交生活，但是他们在工作中没有热情，没有用那种认真负责的精神在工作中帮助其他人。

就是这种艺术的质感、灵魂的精神、认真负责的精神把工作和苦役分得清清楚楚。

把你的习惯注入艺术的情怀是一件伟大的事，其实应当把这种情怀注入到每一件我们在做的事中。

　　我在罗德岛上认识一个人，他带着艺术的情怀建起了一面石头墙，他的情怀仿佛给他的作品上了色，他要把所有的石头掉个个儿，研究它们每一个的特点，把它们放到最能体现它们优点的地方，当他完成了的时候，他就能站在任何角度来欣赏它，都能收到满意的效果。一个好的雕塑已经看不出是大理石做的了。他把他的热情、理念都融入到了他搭建的每一块石头中。很多夏天来玩的游客都回去问岛上的农民，是谁建造了如此美丽的洋溢着艺术家气息的石头墙，他就会回答这面石头墙中他融入了多少自己的个性和理念，想要借用这面墙表达自己的内心。虽然他只想要建一面墙，但是它已经代表了整个世界。

19

当"感觉不好"成为一种习惯——
没有人能给你无时无刻的安全感，除了你自己

你的不安是你自己造成的

歌德讲过一句真理，那就是"所有的人都会长大，但不是每个人都会变成熟"。每一个正常的人都希望自己拥有健康美丽的生活，充满着欢欣与充实。不管你经历多少年，这种愿望实现的过程都会有效地阻止你老去。

扪心自问一下，现在可以立即去实现我们一直渴望的事情吗？如果不可以，那这种渴望就不够强烈。如果我们能够坚持去行万里路读万卷书，那么我们想要达到的状态就一切尽在掌握中了。

极少有人能够意识到，他们的不安在很大程度上都是自己造成的。他们的"感觉不好"已经成为一种习惯。如果他们早晨起床的时候伴有轻微头痛或某些其他不适，比起改善这种状态，他们更喜欢打起昂扬的精神去给那些能够倾听的人滔滔不绝地诉说自己的状态。比起去呼吸新鲜空气改善病情，他们更倾向于吃"头痛药片"或吃其他已经得到专利认可保证能治疗不论他们得了什么病的特效药。然后他们开始顾影自怜，并向他人寻求同情。他们无意识地思考着他们的病症。又用那些胡思乱想、恐惧和疾病的画面将自己最初的简单病症全副武装，直到在家或者在办公室不舒服地工作一天。

这说明人的确是一种懒惰的动物。我们多多少少都会懒惰，而且这在那些习惯于懒洋洋地躺卧在沙发上的年轻人中更是常见。因为他们觉得自己很疲惫，状态不好。很多所谓的"病弱"仅仅是从小时候起就养成的懒惰的习惯。

对于年轻姑娘来说，在成长过程中过于孱弱是非常危险的。因为一点所谓的不适不论在何时何地在房间中随处躺卧，这个"病弱"的坏习惯会伴随到她们长大成人。

当令女孩儿们感兴趣的事情发生的时候，我们经常能看到她们一跃而起立即投入进去，她们收到招待会、舞会或者其他社交场合的邀请函时，她们也能像吃了大力丸一样活跃，此时她们的"病弱"就立即被治愈了。玩起来她们也能像其他人一样了。

放任的母亲往往会被指责身体或精神上的懒惰，这也就成了她们女儿的一部分习惯。一个沙发在家庭中是一种诅咒，因为它是一种躺下的诱惑，被小灾小病以及那些小小的不适压垮的标志。如果总是将"我不舒服"成为常常放弃的借口，的确是一个对于所有成就来说最大的敌人，这是没有自制力的表现，没有高贵宽容的气度的表现。

当有人问一位著名的歌剧歌唱家，她是否有时候也会对自己的事业感到厌倦，并且无法投入演出的时候，她回答说："没有过。作为一名歌者，不能对自己的事业感到厌倦，必须要投入进去。我们无法承担放弃的代价。"

无论是演员还是歌者，都需要有一种专业精神，把个人的情绪置之度外，全身心投入到他们的演出中，不论他们的状态是否良好。他们没有办法腾出另一个自己专门浪费在感到不适上，即使他们真的病倒，更别说为了一些无关紧要的小情绪得病了。如果他们每次登台献艺都以"我不舒服"来做借口，那么哪里有属于他们的名誉和事业呢？

这种需要克服自身负面情绪和感受压力，对于演员和歌者来说结果是什么？你知道吗？尽管他们有着对自己事业的热爱，但仍然需要在工作岗位坚守到最后几个小时，持续地在身体和精神上做好投入角色的准备，而且他们需要关注自己的身体健康，保持年轻态的生机活力，才能看起来比实际年龄小。约瑟夫·杰斐逊、迪曼·汤普森、阿黛琳娜·帕提、萨拉·贝恩哈特，等等，这些以前的或是现在的明星都可以作为榜样。

我们的身体就像一匹温和的马，如果你不按照它的"标准"或者"风格"来训练它，就会变得懒惰，甚至无精打采懒散地做事。如果你的心作为身体的驱动器，让状态不佳放任自流，那么身体的状况会立即下滑。

没有一个人时时刻刻都能"达到最高标准"，你应当训练自己去做那些自己有可能不那么喜欢的事情。

如果一个生意人强迫自己工作一整天，不管自己感觉如何，既没有时间也没有机会照顾自己，就应当变成一个天天胡思乱想自己身体有没有事的奴隶吗？假设他这样对自己说："这个夏天我肯定生病，所以我要做好最坏的打算，我要在我的办公室放一个沙发，这样我就能在我觉得有迹象的时候躺下歇会儿。我还得存下一些药以备不时之需。"一个有商业常识的人甚至会觉得这样的想法非常可笑。他清楚地知道，如果他真的这么干了，他的生意早就"随风而去"了。根据他的经验，他也知道不能把所有的时间都浪费在"我不舒服"上。

假设一个将军看到他的战士在营地的树下悠闲地打盹，但是他们很多人并不想要训练，而是决定等他们真的感觉良好才会起来的话，那么这将是一个什么样子的军队？这个军队成何体统？这些战士必须一得到训练的命令就立即开始遵守命令训练，不管他们当时的情况如何。如果他们当时生病了，那就立即去医院；如果他们不去医院，还没有严重到需要医生照顾，那就还要训练。

世界就是个营地。我们都是在将军领导下的战士，将军希望我们每天训练，直到倒下。

坚持练习告诉自己：一定可以看到美好的事情

当你允许自己被情绪和胡思乱想控制的时候，你就给你的敌人开了一扇控制你的门，这样他就能控制你的身体健康，你的事业成功，你的生活幸福。在任何情况下都不要因为小病小灾产生可怜的懒惰思想。一旦屈服在这种想法之下，你就会成为情绪的奴隶。

某些人总想着自己要得病，的确能给自身吸引疾病。他们确定，如果他们的脚沾湿了肯定会很快得肺炎或者伤风。如果他们在风口吹上几分钟，他们就知道可怕的疾病会随之而来。他们会受风寒并伴有喉咙痛。如果他们稍微咳嗽一下，他们就知道需要大量买药了。这不是在家里常发生的事吗？于是，他们不去想疾病的画面，减少抵制疾病的阻力，让身体对那些它害怕的事情更加敏感。

我们自己应当树立起一种信念，在任何条件下，我们都应当保护自己不轻易被疾病伤害。如果我们总是想着得病了怎么办，我们真的能够引来疾病。如果我们就是想着保持健康，那么我们吸引来的就是身体健康。

你能给自己最好的保护屏障就是管理好自己的决心。不要被各种情绪或者胡思乱想操纵你的行为。你会发现，如果你期待更好的事情降临，如果你总是给你的健康设立一个高标准，而拒绝你的肾、胃、神经和大脑出现故障的借口，那么你会更加健康，你也会不断取得成就，而不是任由你的感受来操纵你，让你屈服。

不需要很多练习就能在心里树立信念来抵制那些日常的不适症状，比如健康、开朗。让自己坚持住不要放弃，你就会在每一天中发挥你最大的才能，而且在过了半天之后你就能感觉你好多了。这不是理论，而是科学。

我们都知道，有些人就是陷入那种"我不舒服"的状态出不来。不管他们睡得多么香甜，胃口多么好，或者他们看起来多么健康，但是每次问他们，总是收到千篇一律沮丧的答案用一个近乎绝望的声音传递出来——"我状态不太好""和之前差不多""不是太好"。这就是所谓的"享受亚健康"的那些人。和他们谈话时他们唯一感兴趣的话题就是他们自己。他们不知疲倦地谈论着他们的状态。他们总是饱受消化不良的侵扰。他们总是有一种特别的感觉，仿佛让他们的脑袋、胃部、后背或者其他任何地方都会出现剧痛。

就像一些士兵总是讲述着他们旅行中的"轶事"，他们无比相信自己的话，坚定地沉浸在自己绚丽的想象中，他们认为想象中的事肯定能成为现实。

这种病态的习惯在春夏季节尤为明显。当天气变化，气温浮动明显，慢性病的侵袭，让他们认为自己感到不适是应该的。于是他们在身体上、心灵上都全副武装准备迎接最坏的打算。当他们有哪怕在温暖的天气中最微小的不适，他们就会寻求新的治愈方法，然后更加大肆抱怨他们的不适。于是，当他们越宠溺自己，抱怨得越多，就越不想做任何事。每天都窝在沙发里或者斜靠在安乐椅中，心中也升起对身体的同情，懒洋洋地卧着的态度会立马反馈到心灵上，这样一个人的状态就会全线下降。

如果你曾经期望把世界上所有事合计在一起，就应当阻止自己不要懒惰地随意躺在周围的"诱惑"中。如果你屈服于懒惰的状态，就永远不会成为最好的自己。危险的是，在你意识到之前它就吸光了你所有的野心，阻断了你通往成功的机会。强迫自己站起来，振作起来，达到自己最好的工作状态，不管你是否感觉良好。

不要在团队中出现懒散粗心以及"我感觉不好"这种负面情绪。应当促使这种坏情绪离你越远越好，就像你保护你的家不被盗贼偷窃一样。

如果有一些时间感觉到懒惰或者有其他负面情绪，你如何能让自己在身体上、心灵上变得健康强壮？直到你让自己振作起来成为一个"脊椎动物"，你才会健康、成功。直到你把自己的态度摆正，你才能在工作中有所成就。当你拖着一副状态很不好的身体和精神去做事的时候，你肯定也没有自信去完成工作。

自信和一个人的健康紧密相连。举个例子来说，如果你有什么重要的事情要做，如果因为做这件事失败了对于你来说是个很大的损失的话，你不能让那些鸡毛蒜皮的不适阻挡你取得成功。你必须有一种信念，就是去做那件事，而且你能够做到。你做这件事的决心所遇到的风险其实和你如何控制你心灵或者身体上的无序有密切关系。

期待你自己在白天的工作中表现良好会对你的工作有很大影响。会让你自己觉得，工作就像变魔术一样神奇有趣，仿佛是一剂大力丸。

记住，那些正能量，就是你与生俱来的能保护你自己的能量，不仅仅能够在心灵上保护你，也能在生理上帮你对抗疾病。

当一个骁勇的将军和他的军队在战斗中选择放弃的时候，当你投降的时候，就是在承认自己马上会被敌人俘虏，就会放下武器投降。

如果你养成一个坚定大胆地宣称自己决心的习惯，就会对你每天的工作和生活有巨大的帮助，你就会达到远比在养老院休养大得多的成就，除非你确实病了。

有多少人一辈子残疾，极少逃出身体上病痛的魔爪，但是却取得了举世瞩目的成就？查尔斯·达尔文、伊丽莎白·巴蕾特·布朗宁、赫伯特·斯宾塞、罗伯特·路易斯·史蒂芬孙、塞缪尔·约翰生博士、凯恩博士，还有很多人都是杰出的时代先驱。他们克服了肉体上的病痛，让自己的著作流芳百世。如果这些人一直等待自己拥有最舒畅的心情的时候才能工作，估计永远也无法达到他们现在的成就。如果那些推动历史文明进程的伟人总是在"我感觉不舒服"的时候停下写作，那么怎么会有今天的这个世界？

那种感觉良好或者感觉不好，以及想要工作或者不想工作其实很大程度上受到心理上的控制。

笔者知道一位医生的妻子，她是一位非常值得尊敬的女性，曾经饱受间歇性头痛的困扰好多年。尽管这些病痛一直在折磨她，但是她说，当需要她在岗位上完成使命的时候，她总是想方设法暂时让自己延缓病痛。

现在，如果有人能够为了参加某个特别的会议而暂时不管自己的病痛，那是不是他就能无限期地忽视呢？

当道格拉斯·杰罗尔德被医生告知，他很快就会死了，他回答道："什么？离开我的家庭和我无依无靠的孩子们？不会的，我不会死的。"他的决心帮助他渡过了难关，他又活了很久。所以让身体健康的方法就是往健康方面想。

告诉自己，你不会有任何不正常的症状，你能使自己的身心都保持在一个高水平状态。你能够一直胜任你的工作，并且充满活力。

不要因为感觉不适就一直待在家里，而应当去办公室、商店或者办公的地方去。很多时候，尤其是夏天，当你因为高温而感到慵懒无力，待在家里的诱惑就更加明显。这时候你告诉自己："哎，因为我今天不太舒服，我觉得还是放松下来让事情顺其自然，直到我好起来再说吧。"现在这只是你慵懒身体的借口，你不能被这种诱惑打败。你必须时刻控制好局势。当你的环境像战士一样的时候，战士不想去训练，但是他的本职工作就是如此，你就要扮演严厉将军的角色。

不要让自己成为一个渺小悲惨的、只能屈服于你健康和快乐的奴隶。你的每一个疾病的念头，对你的身体或者成就有害的念头都会成为现实，立即摒除它们。不要再讨论、衡量或者思考它。既然它不是朋友，那就把它赶走，让强壮、健康和美好的想法占领高地。如果你坚持练习让自己的心里充满健康、美丽、取得成就的想法，那你的身心都会充满活力，事业成功、生活幸福。

20

精力的源泉——
你所能运用的体力和精力的数量将会衡量你最终的成功

🍃 精力是成功的弹药

> "精力是赢得一切的保障。很多人没有变得出色是因为他们的枪械和火药不匹配。"

越来越多的人在生活中失败是因为精力匮乏。精力是达到目标，取得成就以及消除路上障碍的保证，甚至比任何事都重要。不管一个人的能力有多强，或者多么聪明、谦卑、和善，如果他成功的弹药——精力不足，那么他永远不会取得太大的成就。

除了诚信，没有什么能够比精力更加抢手。每一个人都相信，每个地方我们都能听到："给我一个能做事的人，像钢铁般的人。"只有一身能力而不能付诸实践是没用的。不管是多么好的改革，如果没有精力去实施也是白搭。即使没什么能力，有精力也能比那些心有余而力不足的人多办成很多事。如果一把枪向着一根蜡烛射击，隔着一块一英寸厚的木板也能打中。

每次我们看到风华正茂的年轻人失败，他们的能力被浪费掉，都会发现是因为他们没有助力。如果我们能够将能力和助力"摇匀"，放上炸药引燃，那么他们还是能够成就一些事的；但是如果没有这个，他们就将一事无成。他们仿佛拥有了除了把他们引上正路的力量以外的所有条件，而如果没有这个力量，他们的能力也是白费。世界上最好的引擎如果离开了火药的推动也没用，无法载着负重冲向终点。

世界喜欢精力充沛的人，不管遇到任何挫折，他们总是弯腰，但绝不投降。即使有困难，他们也能克服战胜那些麻烦。一般来说很难让这些人真正倒下。在路上绊倒他们，他们会立即调整步伐；用泥巴埋没他们，他们也能迅速摆脱。就是这种人，建造了城市、学校和医院，让大海在帆船脚下泛起雪白的浪花，也让空气因为他们的工厂受到了污染。

对于那些一味失败的人来说，生活的道路上满布荆棘，因为他们没有前进的动力。当他们遇到困难，他们就停止，他们没有力量去攀登，去克服。他们身上仿佛没有一点成就的基因，他们缺少热血的激情和前进的动力。

你的天性仿佛是一颗电池，储存着你的生理和心理的能量，那些代表着你的性格、你的成功和你的幸福。经济实惠这个词通常都会应用在节约花钱的语境中，但是也许这是最不重要的应用领域。相对于浪费精力、体力、心力和机会，浪费钱的重要性可以忽略不计，很多人在金钱上节约，但是在自己的身心能量管理上却浪费。

对于年轻人来说，一夜之间挥霍了他父亲的一千美金似乎听起来骇人听闻，但是如果浪费了本身应当付诸奋斗的能力和经历是不是更加可惜呢？相对于这些金钱的损失，人格的堕落是不是更加严重呢？相对于那一千美金，一点点生命的能量是不是也那么宝贵？金钱丢失了可以再挣，但是活力无谓地浪费了就没有办法再恢复了，但是比浪费精力更严重一千倍的是，这样的你心情低落，意志崩塌，给以后的生活埋下了炸弹。

不要在无所谓的事情上浪费太多精力

忙碌的人们会为浪费了时间、机会感到羞愧，仅仅因为他们有能力可以做到更好的时候却没有做好。他们在读一本没什么营养的书的时候其实可以读一本更好的书，他们浪费时间是因为在可以选择更好的时候选择了差的。他们在半途而废上，在无谓修补上，在粗制滥造上浪费时间，因为他们在第一次就没有做好。

浪费身心活力是一种习惯性的士气低落、邪恶和思想的堕落。每一点没用的担心（所有的担心都是没用的），每一点焦虑，每一点烦躁不安，每一点失望失落，每一点恐惧——恐惧失败、损失、疾病、死亡或是武断的批评、嘲笑、对他人的差评，这所有的一切都是能够把你的精力浪费掉的，比无用还糟糕，因为这让我们更加无序，缺乏创造力，而这些却是我们工作中必须的。

当一个人总是在谈论自己的失败、自己艰辛的工作、自己遇到的麻烦琐事以及以前犯下的错误的时候，他就是在浪费时间。如果一个人想要成功，那就让他转变自己的观念，把他的过去都遗忘掉，让他一心向前看。每一个不诚实的举动，不论其他人是否知晓，都是浪费时间。每一个不纯洁的想法、邪恶的贪念，都会败坏品德，是成功路上的绊脚石。

那些烦恼、生气和焦急都是生活中导致不和谐的因素，都会浪费你的经历。不管是什么把无序带到了你的神经系统中，都会摧毁你的能量。不断摩擦耗损是幸福和成功的大敌。它把生活中的机器都磨坏了，却没有做一点有价值的事或工作。从那些摩擦中解脱出来，润滑自己的装备，停止损耗能量就是每个人的第一职责。

我们每到一个地方都能看到人们运转起来发出吱吱嘎嘎或这样那样的声音，仿佛是一个没有润滑油的老家伙，还因为蒸汽阀的泄露导致各种零件过热。这样脆弱的机器满腹忧虑的尘埃，被不安烦扰。这伟大的机器，结构严谨壮丽，又脆弱不堪，想要生活最起码一个世纪，但我们却非常遗憾地看到他们在中途就退出了。他对自己的天文钟却呵护有加，保持指针正确行走，时间准确，并有时常清洁和校对它们，降低到一个月只有一秒的误差。但是他自己身体的机器却不爱护，他总是做重复的工作，蹉跎着岁月。他不会让自己的钟暴露在潮湿的空气中，或者靠近发电机，但是却以各种方式浪费着自己的生命。

21

管理你的精神状态——

拿破仑说：能控制好自己情绪的人，比能拿下一座城池的将军更伟大

帕斯卡说过："人类的全部高贵在于思想，他的全部责任在于正确思考。"这是一个非常全面准确的论断，一直以来，我们的每句话每个行为都是思维的表达。如果我们学不会正确思考，生活就只能是场失败，我们不能成为高贵、快乐、美丽的人，而只能卑微、不幸、丑陋、失败地活着。

让生命释放出所有潜能的首要必备条件就是强健，无论是身体还是思维都充满了让生命愉悦的生机与活力。强健依赖于正确的思考。我们身体里的每一个机能，每一个神经细胞，每一个器官，都被思考的天性强烈影响着。我们每天都从思考那里得到反馈：力量与活力增长，或者相反，这是最牢固不破的科学定理。

为了获得完美健壮的身体，人类必须保持愉悦、健康、乐观的思维。爱、平和、欣喜、欢乐、仁慈、无私、知足、安宁，这些都是精神属性，它们让身体功能趋于协调，让身体健全康泰。每个人都可以通过持续的、正确的思考，来让这些属性在自己身上得到体现。

卡莱尔说过："我曾在一些人的脸上和眼睛中发现过高贵的熠熠闪光。"在高贵之国中，如果我们能够控制我们的思维，达到平静祥和、健康喜乐的境界，我们就能与世长存。克服错误思维可不是件简单的事。吹毛求疵、焦躁、忧虑、愤怒、恐惧，凡此种种就像思想的淘气鬼，不断地想要把我们从高贵之国拉向低微之国，要想克服它们，必须时刻警惕，并且付出最大的诚意与毅力。

错误思维是脆弱的象征。实际上，它是一种愚顽，这个犯错者不断地拆毁自己的精神结构和生理构造。而能够正确思考的人才是真正理智的人，他是最快乐也是最成功的人。他不会不断地把那些不利的招来，用不良思维绊倒自己。

我们都知道错误思想的灾难性后果。我们都能从经验中了解它如何在思维上和身体上阻碍我们。医生们都知道生气会毒化血液，恐惧、焦虑、烦恼等其他有害的思绪都会严重妨碍整个身体的正常机能。他们也发现下面这个事实：如果长期惴惴不安、担忧，会影响成功，容易引发疾病。事实上，一位母亲的错误思想不仅会严重影响自己，也会使她的孩子受到影响，母亲身上发生的症状和情况，也会在孩子的身上发生。长期沉湎于自私、妒忌会产生肝脏问题和消化不良。无法自控、习惯性暴怒则会破坏神经系统，削弱意志力，造成危险的机能紊乱。忧虑是人类最危险的敌人之一，它所到之处都会留下深渊、阴暗和苦恼；它会延碍消化吸收，直到缺少营养的大脑和神经细胞以各种疾病甚至神经错乱的方式表达抗议。

错误的思考，无论其本质如何，都会在身心留下无法磨灭的疤痕。它对性格和身体的发展都造成了影响。每次你抱怨或者埋怨，每次你丢掉风度，每次你参与一件低贱可鄙的勾当，你都经受了一次无法修补的损失。你不仅丢失了一定的活力，还丢掉了自尊和积极向上的性格。当你意识到你的损失，你又会被进一步地削弱。

一个商人会发现，每当事情出错，如果他情绪失控，燃起暴怒，甚至崩溃，那么他不仅会严重损害健康，而且会拖累他的生意。他在让别人厌烦自己，在赶走成功的机会。

一个想要全力以赴的人，必须保持良好的精神状态。如果他想获得最大的成功，就必须正确地思考。他必须给他的生意带来和谐的状态，他的错误思维会让他的前途千疮百孔。

许多曾经的富人，已经因为经济损失而湮没无闻，因为他们不懂得怎样去控制思想。他们屈服于"忧郁"，他们开始每天担忧烦恼、抱怨不休。抱怨的毛病变得固执持续，直至他们不满意任何东西，不喜欢任何人。他们的老部下离开了他们，他们的客人渐渐减少，他们的生意逐渐下降，他们的债主质疑他的财务稳健性。他们的业务总体下滑，他们最终崩溃了。

　　我们可以制服我们的情绪；我们可以正确地思考；我们可以成为我们想要成为的人；我们可以通过积极、创造性的思维创造奇迹；我们可以让自己变得像磁石一样吸引我们期待的机会，而不是招来排斥力。

　　帕斯卡说："你说一个人是个傻瓜，他会深信不疑，一个人如此告诉自己，他也会深信不疑，人类天生如此。"相反亦然。很多人由于不断惦记着自己的过失，最终加重了这些失误。由于在脑海中不断想象它们，它们把这些人捆得更紧。对我们来说，只要我们保持相反的思维，就有可能变成我们想要的模样。克服险恶情况的唯一途径，是一直愉快、有益、有爱地思考。

　　当医生被要求给一个已经服毒的人开药，他会立即开解毒剂。所以，当我们被错误思维折磨时，因为我们已经被错误思维毒害，所以我们能够解救或者治愈自己的唯一方法就是饮下一剂正确思考的解毒药。如果灯碎油燃，我们就不能用火上浇油的方法来灭火。我们应该倾洒一些能立即灭火的化学灭火器。当一个人怒火中烧，或者被仇恨、嫉妒、报复的情绪燃烧着，灭火的方式就不应该是增加更多的愤怒、仇恨和嫉妒。有爱的思想应该是所有愤怒、报复或者冷酷情绪的天然解毒剂。

　　如果你感到烦闷、易怒、沮丧，如果你习惯了对事情或者任何阻碍你成长进步的缺点担忧焦虑，那就坚持考虑相反的优点，直到这种思维成为你的一种习惯。

　　当你感觉快快不乐，你应该从压抑你的情绪中坚持相反的思维，这样你会自然地保持这种思维。这种想象能够强有力地改变不快的情绪或经历。当你成为恶劣情绪的受害者时，只需要对自己说："这一切都不是真实的。它们对我高贵优秀的本质毫无办法，因为世界永远不会让我被这些阴暗面支配。"持续地回忆最快乐的经历、生命中最美好的日子。欣赏艺术或大自然中的美好物体，读温暖有益的书。一直在脑海中保存你享受过的美妙事物，通过回想你已经取得的成功来驱赶失败的念头。对自己的目标增加信心，勾画一个光明灿烂的未来。让自己被快乐的思维围绕几分钟，你将会惊喜地看到所有阴暗忧郁的幽灵，所有曾经折磨、萦绕你的坏情绪已经消失不见，因为它们不能忍受光明。光明、喜乐、欢愉、和谐是你最好的防护，混乱、黑暗、病弱不能与它们共存。

我认识的一位最乐观美丽的女性告诉我，她的压抑和忧郁也会阵阵发作。但是当忧郁来袭时，她懂得通过唱欢快的歌、弹优美的钢琴曲来克服它们。

每件引发暴怒的事情都是精神力的挥霍者。每次错误情绪弥漫，精力和成功就会被浪费。错误思维都是消极的，头脑只有在积极时才会产生创造力。

当我们能够轻易控制情绪、整理思维时，我们才能全力以赴。我们要么控制自己的情绪，要么成为被控制者，被自己情绪支配的人不会是个自由的人。当他能够摆脱他的精神敌人的支配时，他才是自由的。如果一个人必须每天早上请示自己的情绪，自己今天能否竭尽全力；如果他必须根据情绪的涨落来决定勇气的高低；如果他对自己说，今天忧郁不来袭的话，如果没有什么坏运气或者失衡，如果我能恰好管住自己的脾气，我就能好好工作，那么，他就是一个奴隶，他不可能成功或者快乐。

　　一个人每天早上充满自信，相信自己在做男人的事业，并且认为自己是能胜任的人，他们的视野是多么地不同啊。一个对于自己能完成的事无惧无疑无虑的人，他的举手投足是多么高贵庄严啊。他感觉是自身的主宰，他确信没有情绪或者情况能够阻碍他。他实现了对自己的支配。

　　在现代生活的滚滚洪流中，在成年人之间的残酷竞争、精疲力竭的生存斗争中，我们到处可见平和的灵魂，他们的力量与沉着让我们铭记，他们只朝自己的目标进发。他们懂得正确思考，他们掌握了成功人生的诀窍。

　　最完善的自我控制，能够使人获得最强大的力量，是文明的终极课程之一。但也是获得伟大成就的第一步，对所有人来说都是可以做到的。

　　将来我们将不庇护，哪怕一瞬间，那些自杀性的想法或情绪。我们梦见恐惧、妒忌、羡慕、担忧、焦躁或者忧虑的想法，将会少于梦见小偷或者凶手闯入家里。明智之士不再沉浸于一阵阵的愤怒之中，不再沉浸于无情、仇恨、敌意、沮丧、压抑、向下的情绪，不再毒化身心，我相信这样的一天终会来临。

　　数以千计的普通人只要能够控制自己的情绪，他们就能做出伟大的成绩来。

22

敢于决断——

凡事必须要有统一和决断，因此，胜利不站在智慧的一方，而站在自信的一方

世上最可怜的事就是悬而未决

在圣皮埃尔发生可怕的灾难的前一天，意大利籍货船，奥时丽娜号正要满载着货物航行。但是船长马里奥·立波夫由于惧怕火山的可怕情景，决定停止装货立即起航。他代理的货主们表示反对，并威胁要逮捕他，如果他只载着一半的货离港的话。但是面对他们愤怒的抗议，船长的回答非常坚定："我对于培雷火山一无所知，但是如果维苏威火山今早爆发，我就会避开那不勒斯，就像现在我正躲开这里。我宁愿只装一半的货物，也不愿冒这么大的一个险。"

24 小时之后，货主们和两个试图逮捕立波夫船长的海关官员死在了圣皮埃尔，而奥时丽娜号还有她的船长及全体船员们，安然无恙地航行在公海上，朝着法国进发。一个强大的意志和一个不可变更的决定获得了胜利，而软弱迟疑则会导致毁灭。

当代需要的是强大、有力、积极的人，不仅能下定决心，而且能坚持不动摇，当他已经考虑了他要决定的事的所有的环境与条件，就会一锤定音，不再思忖。这样的人有杰出的执行力。他不仅能制定规则，还能很好地执行。他不仅能决定路线，也能将它付诸实践并胜利完成。

每块表的钟面都有看不见的回弹，这种回弹迫使齿轮旋转并且使指针精确地标明时间。所以，在每一个大公司的工作之下，在每一间大企业的高层，尽管公众不常见，但是却有这样的强烈性格在起作用：一个铁腕的人，他驱动事物运转，推动齿轮运行，并且精准地调节他们的动作。他从不后退，他的决定坚决不移。别人可以思索、提意见和建议，但是由他来制定规则并付诸实施。他就是支配力。所有的事情必须指向他，所有人的方向和指令都来源于他。如果没了他，就像一只表没有了发条。齿轮还在，别的零件也都各就其位，但是动力已经不在了，不会产生任何转动。背后的铁腕、决定力也都不再起作用。

A.T.斯图尔特打造的巨额生意在丢掉执行力和组织力后就土崩瓦解了。著名的旧"纽约文汇"是罗伯特·博纳运用大胆独创的商业思维，从"商人分文汇"这样的不起眼小财务报表上发展起来的，直到成为这个国家的故事类报纸的领导品牌，当它的策划者失掉了灵感的时候，它就开始衰落了。

在数千名跟随者中只能有一个领导者。拖延、依赖、依附领导者是很容易的事，但是独立自主，培养创新性、果断性与敏锐性，完全相信自己的判决，却需要勇气、决心和毅力。

如果你是一个犹豫不决的人，如果你已经习惯了迟疑和思前想后，如果你永远无法确切地知道自己到底想要什么，你就不会成为一个领导者。这不是领导者应该具备的品质，无论一个领导者缺乏什么，他都肯定知道自己的思维。他知道自己想要什么，并且直奔它。他或许会犯错，或许会跌倒，但是他能很快站起来并继续向前走。

决断迅速的人犯得起错。因为无论他犯了多少错，他总能比胆怯、忧郁、害怕犯错以至于什么都不做的人更快地前进。那些只知道等待事情自然发生，或者站在溪流旁边等待别人推他一把的人，永远不会到达彼岸。

世上最可怜的事就是悬而未决，这些人永远不会找到出路，并且成为斗争和压力的牺牲者，他们遵循着最近听到的建议，沿着最小的阻力移动，在他身上没有做决定的魄力。轻易屈服、轻易摇摆、不能坚持己见，对任何决策来说都是致命的打击。

很多人都害怕下决定。他们不敢担责任，因为他们不知道可能会导致什么。他们害怕今天决定了，明天会有更好的选择，这会使他们后悔最初的决定。这些习惯了犹豫不决的人完全丢掉了自信，他们不敢相信自己能决定重要的事。很多人因为害怕下决定的习惯毁掉了本来很优秀的头脑。

　　我认识一个人，如果他能避免，就从来不会了结一件要事。每件事都要等待更进一步的证据。他不到最后一分钟绝不封信封，以免他有事想改动。我常看见他在贴上邮票准备去寄之后，还拆开信封去做一些修改。他甚至会打电报给别人要回自己的信。尽管这个人是个好员工、一个好人、一个益友，但是他却被人们看作反复无常和举棋不定的人，对掌控的事情也是考虑再三，对已经做好的事情也反复检查，他永远不会得到商人的信任。每个认识他的人都为此遗憾，但也不会在任何重要的事情上信任他。

　　我认识的另一个犹豫的受害者是一位非常值得敬佩的女士。每当她想买一件东西时，她简直要在所有有货的商场里巡回旅行。她从这个柜台转到那个柜台，从这个商店转到那个商店，从这个百货商场转到那个百货商场，把一件件商品拿出来，试用一下，从不同的角度审视，但是从不知道她到底想要什么。她总是纠结于商品形状或风格上的小差别，但是说不清什么最适合她。她把购物区里的所有帽子都试了个遍，看遍了所有的裙子，把所有售货员都问了个遍，但是常常空手回家。如果她确确实买了东西，她会一直怀疑自己是不是做了正确的决定，犹豫着要不要拿回去退换，并且问了她认识的所有人的意见。她想买一件暖和的衣服，但又不能太热或者太笨重。她想买一件无论是热天还是冷天穿着都舒服的衣服，一件可以适合山区和海边的装备，一件同时能在教堂和剧院穿的礼服，这种两全其美简直难以实现。她买东西，至少要换个两三回，甚至这样她还不满意。

如此摇摆不定对塑造性格是非常不利的。这种人的性格或精力之树不可能有严密的纤维。这些事往往消磨了自信和自我判断，对所有的心理效果都是毁灭性的。

🖋 你只能随着暴风雨在海上漂荡，永远也达到不了你的港口

你的判断力必须存在于你品行的深度之中，就像深海中宁静的水流，脱离了汹涌的冲动和愤怒，不被别人的毁誉触动，摆脱了肤浅的忧虑。这是处理重大事情时需要的判断力——不被任何不当的事情影响。生活里的悲剧之一就是看到很多优秀的天才被一些小弱点阻碍，尤其是当他大部分才能都是突出的。成千上万的人明明具备杰出的才能，却沦为庸才，只是因为他们无法果断地下决定。举棋不定的悲剧，比起无能，造就了更多的失败。

一个工程师开始造桥后，不断发现有更好的安置桥墩的地方，怀疑自己选择的是不是最佳位置。这样的工程师永远不可能建成一座跨越江河的桥梁。他必须下定决心，然后一往无前地建那座桥，无论遇到什么阻碍。所以作为有性格的建筑师，他必须决断将做什么，然后不再回头或者移动，径直走向目标。

千千万万的青年，身体健康，受过教育，能力突出，也已经走过了生命渡口的桥。他们希望自己走上正确的路，他们认为自己在做对的事，但

是他们却不敢将身后的桥烧掉。他们如果犯了错，就希冀撤退的机会。他们无法把所有退路斩断，他们对于自己将走什么路，无法做出决断。

这些青年正处于被犹豫毁掉生命的危险之中。如果他们能够振奋精神，把身后的桥烧掉，将精力全部贯注于一个确定的点，他们成功的机会将会无限增加。他们所有的资源都会涌来成就他，帮助他们克服障碍，让他们取得胜利。但是如果他们的头脑中闪过一丝迟疑，退缩的路又被打开，他们又将泯然众人矣了。

如果忧郁寡断存在于你的血液中，那么你应该在它消磨你的精力、毁掉你的机遇之前，把这个阻碍你成功的阴险敌人扼杀掉。不要等到明天，而是要在今天就开始。通过持续的坚强决心的锻炼，培养自己果断的品质。无论你要决定的事情多么简单，无论是选一顶帽子还是选一件衣服的颜色、风格，都不要犹豫。无论你要做什么决定，考虑所有的微小可能性，从每一个视角权衡它。在下结论前求助于常识和最佳判断，然后，当你一旦下定决心，就让它成为终局决定。不要回头，不要多虑，不要再进一步探讨论证。做到坚定、乐观地做出选择。

坚持这个过程直到决断的习惯养成，你会惊喜地发现它不仅提高了自信，而且提高了别人对你的信心。也许你一开始会犯错，但是你在自我判断中获得的力量与信心，会弥补这些损失。坚决，是能力的精髓。如果你做不到这一点，你的生命之舟就注定漂泊，你将永远无法抛锚。你只能随着暴风雨在海上漂荡，永远也到达不了你的港口。

23

坚持有坚持的痛，但也有它的魅力——
再高的天赋也抵不过傻傻的坚持

我们如何解释下列事实：世界上很多伟业都是由那些只有一种天赋的人完成的，而那些有十种天赋、那些多才多艺的人却往往默默无闻。我们看到很多年轻人的成功似乎与他们的天赋不成比例，但我们根本不了解为什么。我们无法理解为什么这个在班里成绩垫底的男孩在人生的竞赛中甩了我们一大截，要知道他连我们一般的天资都比不上啊。在学校里，我们嘲笑他，但是，莫名其妙地，他把全部精力集中到了一件事上，像只乌龟一样，缓步前进直到到达终点。他设法领先，凭一种天资努力积攒能力，那些多才多艺的人却依然无目的无结果地飘荡。

自身愚笨的意识已经鞭策了很多男孩去充分利用自身仅有的天赋。常常被老师和父母斥为愚笨的耻辱，让他下定决心必须要脱颖而出。他和他聪明的兄弟的对比也使他咬紧牙关，决心证明他的兄弟并没有继承这个家庭的所有天资。

他能力的有限让他难以忘怀，因此他付出巨大的努力，心无旁骛，他并没有把自己的精力浪费在多余的事情上，而是只发展自己的一项天赋并且充分利用它。他从来没有左右手之争，哪怕其他事他能做得更好。他知道如果他成功那肯定是依赖于他的一个天赋，所以他把全部注意力放在这上面。

我们听到很多谈话，说基因、天赋、运气、机会、机灵和风度对成功起了很大作用。除去运气和机会不提，我们承认其他所有因素在生存斗争中是非常重要的。但是哪怕拥有任何一项或者全部，如果没有坚定的目标，没有决断的意志，也不能成功。无论伟人们身上缺少什么，在那些大获成功的人身上，我们发现他们都有一个共同的特点——顽强不懈的意志。

一个年轻人有多聪明并不重要，他是否在大学里成绩领先、是否让社团里的其他男孩相形见绌亦不重要，如果他缺少坚持不懈的素质，他就不会成功。很多人也许成为了出色的音乐家、艺术家、教师、律师、物理学家或外科医生，但与预测相反，他们无法达到成功，因为他们缺少这个素质。

坚持不懈的意志是一种力量，它创造了对别人的信心。每个人都相信坚定的人。当他从事任何事，他都是事半功倍的，因为不光他自己，任何认识他的人也都相信，无论要做什么事，他都能完成。我们都知道我们抗争不过一个把绊脚石当成垫脚石的人；他不怕失败，他无论面对怎样的诽谤和批评，都不会退缩；他从不逃避责任；他一直让自己的罗盘对准北极星，无论将会面临怎样的狂风暴雨。

反对像格兰特将军这样的人能有何好处呢？这简直就像试图熄灭太阳一样。在北方联军里有很多更聪明的人，但是却没有人比他的意志更顽强坚定。他只看到一件事——胜利。要花多长时间达到成功并不重要。即使战事延续到夏末，他也会血战到底。

拿破仑比威灵顿要聪明得多，但在坚持不懈上无法与之匹敌。威灵顿面对一场失利的战役也像面对一场胜仗一样坚持。他从来不撤退。

坚持不懈的人永远不会考虑他能不能成功。他唯一关心的问题就是怎样去领头争先，怎样再前进一点，更靠近他的目标。即使要穿越山川、河流、沼泽，他也必须到达。任何其他想法都要让位于这个唯一的目标。

愚钝平庸的年轻人的成功和聪明人的失败是美国历史中持续上演的奇迹。但是如果仔细分析这些不同案例，我们会发现原因就在于那些看似愚钝的年轻人面对各种情况都像岩石一样屹立不倒，任何事情都不能把他从目标上转移开。而那些聪明却不定性的人，缺少一把坚定目标的舵，这抵消了他的能力，浪费了他的精力，因为它把他的精力分散在了不同的方向。

　　我们经常发现，那些自学成才、没有学校和老师的男孩，成为最有力的思想者。他们或许没有被很好地打磨或教化过，但是他们在某些方面比那些受过教育的人更优秀，比如思维活力、创新性、独立性。他们并不依赖学校或文凭，紧迫成为他们的老师，他们被迫代理自己，并且变得实际。他们知道很少理论，但他们知道在实际中什么起作用。他们通过解决自己遇到的问题来获得力量。这种自我教育、自我修养的人在团体中举足轻重，因为他们有力且思维活跃强健。他们已经学会了集中思想。

　　自助才能让自己真正变强变有力。自信是伟大的教育者，是最优秀的老师。紧迫性是无价的鞭策，激烈人们唤醒自己，朝着目标迈进。

　　决心可以战胜任何阻碍。它克服层层艰难困苦。正是那种抓住机会毫不迟疑的人，正是那种自立自主不总是依靠别人帮助的人，成了强有力的思考者和充满活力的操作者。

　　正是那种用于成为自己并且用于按自己计划行事不效仿他人的人，成了赢家。

　　如果你要成功，最重要的就是训练你的个性、你的独立、你的创新，让你不会在人群中迷失。没有人能解决你的困难，或解出你的谜题。你是立是倒全取决于它。你的幸福、成功、康乐、命运，全部依赖于你是否执行自然赋予你的规程。

无论火车头建造得多么精巧或者有力，除非水沸腾，否则火车不会挪动一步。水对于火车头，就像热忱对于人。无论他的能力有多强，无论他的天赋多么丰富，除非他像沸水产生蒸汽一样，具有能够产生精力和动力的热忱，不然他就永远不会完成任何值得注意的事。每个成功人士，无论他的专业和职位是什么，都充满着这种激励性的力量。正是它使他能够超越障碍，克服困难，排除危险，只为达到成功。

　　这不熄的火焰唤醒了沉睡的力量，鼓舞了潜在的能量，聚合了以前从未梦到过的资源。它提高了能力，并且常常取代天赋的位置。

24

谁都有遇到困难的时候——

很多事情就像旅行，当你决定要出发的时候，最困难的那部分就已经完成了

世界对于膝盖脆弱的人和心灵脆弱的人没什么用，但是给那些征服者带来了胜利。他们说服了那些胆小鬼，他们没有逃避难题，而是一点一点去克服挡在成功之路上的困难。那些几乎没有成就的人总是把路上的困难当成他们必须承担的一切。他们想象的战争半路出现的阻碍，就像高高的山顶让他们的勇气冻结。他们只能看到漫漫长路，他们在出发时候就尽快做计划，他们等待困难，也能找到困难。

这些人看起来带着比瓶底儿都厚的眼睛，但眼中只有困难。他们前进的路上总有"如果""但是"或者"我不行"——足以让他们远离他们想要的成功。

他们觉得在应聘之前的准备是没用的，因为等他们到了那里，他们面前总有成百上千的申请人也在。他们看到那么多人都在应聘，就对自己能拿到那个职位信心全无，或者有一点信心的话也被那些在他们前面的人的优点蒙蔽了。有那么多领导喜欢的人，就算有升迁的机会那也轮不到他们。

没有一个人能够持续上升却没有被障碍牵绊过。他的成就会和他的能力成正比的，他们一定会得意扬扬迈过那些阻挡他们的绊脚石的。

当我听到一个年轻人发牢骚说，他没有任何机会，命运对他如此不公让他如此平庸，以至于他都不知道如何开始自己的事业，只能给别人打工。当我看到他的时候，他只能看到遍地的无法逾越的鸿沟，当他告诉我他只能做这个或那个的时候，有人想要帮助他，他的物质条件却非常匮乏。他知道他没法应对一些突发事件，他承认自己的不足，他无法应对很多其他人能克服的困难。当一个人告诉我们，命运在和他作对，他不知道如何去做自己喜欢的事情，他只能去做自己不喜欢的，因为他自己没有那么强大，只能向困难屈服。他还没有把自己锻炼成顶天立地的脊梁。

总是担心自己在做自己喜欢的事的路上有困难的人都有不足，他们意志薄弱，无法克服路上的障碍。他们无法全力以赴地坚持努力工作。他们渴望成功，但是他们觉得付出的代价他们无法承受。所以只能做那些随波逐流的事，去做那些简单的事，去享受，让雄心壮志轰然倒塌。

困难像弹簧，你强它就弱，你弱它就强。

很多脆弱的人，把困难想得比天大，没有克服困难赢得胜利的毅力。他们不想要牺牲眼前的舒适安逸。他们只能在初创业的工作中看到艰难困苦，又没有资金支持，他们什么也做不了。这些人总想着有人能够帮助他们，给他们前进的动力。

当一个男孩告诉我，他特别想要去上学，渴望得到高等教育，但是没有人能够像帮助另一个男孩一样帮助他，他想如果自己有一个有钱的爸爸，可以供他上学，那就能自己创立一番事业。我十分确定，这个男孩还没有那么渴望上学，他只是希望自己能不费吹灰之力地得到一些东西。如今，当一个男孩说他不能上学——即使聋哑人、盲人都能做到，我知道他总是能看到困难的"特异功能"不仅无法让他上学，甚至使他在今后的生活中一无所成。

一个人决定要做什么，开始寻找一路上的艰辛并放大，直到在他们心里那些困难像陡峰一样，然后等待别人来帮助，这不是一个能够开拓事业的人。这种只会停下衡量和考虑那些可能出现的危险和抵制的人，做不成任何事。他们就是渺小的人，只能做渺小的事，他在困难周围徘徊，然后越走越远，但是当他遇到困难，就立即停下了。

那些强大的人，拥有着乐观坚定的灵魂，都有自己人生的计划。决定要把事情解决，但一旦遇到困难就退缩的人，就是软弱的人。然后他们转向其他，用不正当的手段达到目标。那些真正能成大事的人，能把事情做成的人，不会浪费时间去和困难讨价还价，或者怀疑自己是否能克服困难。一个硬币拿到眼前也能遮住太阳。当一个人躺在地上看看有什么在阻挡他，那么一块石头都像一座山一样高大。一个渺小的人把这个小困难摆在眼前就像一个天大的障碍，把他的视野全都挡住了。伟大的心灵一心盯着目标，他们坚定的眼里只有结果，看起来是多么渴望。在中间的步伐中，不管有多少纷纷扰扰，和远大目标比起来都微不足道。伟大的人只问一个问题："事情能做到吗？"而不是"我们在路上会遇到多少困难？"如果这件事可以做到，那么所有的阻碍必须放到一边。

这些眼中只能看到困难、没有困难借也要借到困难的人，在学校和教堂董事会、其他主管或受托人中经常见到。他们只是看到了困难，如果把事情全权交给这些人负责，那么什么也做不成。几乎所有造福人类的发明、发现和成就都不会出现，世界也会毁在这些"灾难预见者"和"困难预见者"手里。

那些想要成功的人也会看到困难，当时他们不会惧怕困难，因为他们知道这些困难相比于他们的勇气简直微不足道。他知道自己的潜力是无穷的。他知道他们大无畏的勇气可以消灭它们。对于他们的决心来说，这些困难可以忽略不计。对于拿破仑来说阿尔卑斯山犹如平地，并不是因为它不宏伟，而且在深冬几乎无法跨越，但是拿破仑知道自己能够通过。有的将军看到阿尔卑斯山的时候一脸恐惧，他们觉得自己不可能翻越这座山，但是在有些将军的眼里只有藏在大雪下绿色平原的胜利。

　　你会发现藐视那些困难的时候，最好的事情就自然而然会来。放大那些愉快和谐的事情，把那些不开心的事情的重要性降到最低，不仅会让你的工作充满奇迹，也会让你的生活充满幸福。这样还会让那些不如意的事情烟消云散，让工作不再那么令人讨厌。减少生活中的摩擦，这远比金钱影响深远。这样你就会发现自己成长成为一个更有竞争力的人。那些阳光向上的灵魂在不影响自身平衡的情况下能够安然克服困难，但是有些人却被困难折磨得乱了阵脚，日子过得悲惨不如意。

　　每个人都有一种能力，把蓝色变成白色，把不顺心的事变得称心如意；每个人都有一面水晶般的透镜，能把阴暗的光变成彩虹。

　　世界上没有人能够得到一切，除非他学会怎样不计代价地摆脱路上挡住他前进的事情。其实一个人最大的障碍是自己。我们的自私，我们对安逸和享乐的向往，就是我们取得进步的道路上最大的障碍。胆怯、怀疑、恐惧都是我们的敌人。守护你脆弱的观点，战胜自己，这样你就能战胜一切。

　　你对待困难的态度不同，结果也会有巨大的不同。障碍就像野生动物，它们是胆小鬼，但是也会虚张声势。如果它们看到你害怕它们，如果你站在那里犹豫不决，如果你对它们毫不在意，它们就会像弹簧一样扑向你。但是如果你不退缩，坚定地看着它们，那它们就会偷偷溜出你的视野。所以困难也会逃跑，即使他们在胆小和犹豫面前很强大，而且会在动摇和退缩面前更加强大。

夏洛特·帕金斯·吉尔曼曾经在她的一首小诗中写道，"一个障碍"可以形容成一个旅行者在山上奋力爬行，下决心做一番事业，忍受着沉重的负担时候突然一个巨大的障碍铺展到登山者的路上。他绝望了。他礼貌地恳求障碍从他的路上离开。但是障碍不为所动。登山者开始生气地谩骂它。他跪下祈求障碍让他过去。但是障碍还是纹丝不动。然后登山者无助地坐在障碍前面，突然他灵光一现。让他用自己的话告诉你他是如何解决的：

我把帽子摘下来，我把登山棍放下，
我把背上的重物放好。
我接近那个糟糕的梦魇，
我带着心不在焉的气息——
径直走向它，
就像它不在那里一样！

如果我们在遇到困难的时候能坚定不移地去克服而不是退缩，大部分困难都会消失掉。

25

危险关系——
必须时刻警惕自己周围的"危险"，防止被它们缠绕，被它们袭击

　　最近，一位纽约的年轻女人迷上了一个年轻小伙子，他们是偶然遇到的，只交往了几天她就嫁给他了。她没有去调查这个小伙子的经历，对他的过去完全不了解。他们还在蜜月旅行的时候，新郎就因为盗窃罪被警方逮捕了，而且据了解，他在这之前已经好几次被捕入狱了。新娘心碎不已，但还是没有吸取教训和那个盗窃犯脱离关系。这个单纯的姑娘因为没有采取一点防护措施，就这样把自己的一生给毁了。

　　世界上最简单的事就是陷入那些阻挡我们进步、损毁我们名誉的丑闻当中。多少粗心的年轻女孩没有意识到自己就这样和一个完全不认识的年轻小伙子建立关系，醒来发现自己的生活变成一团糟。

在大城市中有多少多金帅气的男人，给你买东西逗你开心，但是后来发现自己被敲诈勒索了一笔巨款，这时，女孩儿们的命运就因为和这种人建立了剪不清理还乱的关系，像从天堂掉进了地狱一样。每年有多少家庭为此被拆散，多少无辜单纯的孩子因为这种公开的丑闻而蒙羞，那可是他们一直崇拜仰望的父亲进入了白色坟墓。想想这种耻辱，社会的排斥以及蒙在鼓里的无辜的妻子和孩子。这个杰出的人就这样被爆出的丑闻毁了，其中一些百万富翁刚刚被揭发出来。

多少有钱人想要交换他们耗费一生积累的财富，如果他们可以洗刷掉这些带给家族名声的耻辱，或者收回走错的路径，就是这些失足让他们滑入了深渊，夺走了平静幸福的生活和世界上最爱他们的人。

我知道一个年轻人只要抹去一些他之前卷入的一些不幸的关系和瓜葛，那么他就能有信心得到一个很高的职位和一笔不菲的财富，但是他没法抹除它们。它们站出来凶狠地指责他的时候，不论他的头转向哪里它们都会注视着他。每次当他拿出一张纸，他知道他肯定能遇到很多难缠的小鬼，在他的事业上阴魂不散。

不幸的是，总是有人想着给那些终于得到向上爬的机会的人扔石头，或者直接把他们推下去。一个拥有一个清白的过去，档案中没有污点，敢于毫无畏惧地直视这个世界，用手指着那些不诚实的或者不可思议的行为的人，才能有一个美好的未来。

"当心那些纠缠不清的关系！""乔治·华盛顿对他祖国未来的栋梁说道。现在，整个国家有千余个受害人卷入混乱的关系中，如果他们能够给刚开始生活的年轻人一句忠告的话，他们也会重复华盛顿的警告。

还有比一个有光明前途、有能力的年轻人没有机会发挥自己的长处，只能被自己无法满足的野心愚弄，因为他债台高筑无力偿还，所以无法实现自己的价值更惨烈的画面吗？一个国王虽然可以控制自己的环境，但是在纠缠面前他就是一个奴隶，或者是借贷人面前的一条狗。

让自己自由。让自己远离可能葬送你未来的复杂关系。一种牵连，无论其性质如何，都是一种监禁。因为这是自愿的，所以更加可怕。如果你的大脑完整，你的心灵没有负荷，你的双手和才能没有束缚，那么你即使只有很少的资本或者没有资本也可以成就伟大的事业。但是当你被债务牵扯到手脚，没有自由去做自己想要做的事，只能被那些需要向他们履行义务的人或者建立了纠葛的人逼迫着四处奔走，你肯定没什么建树。这时的你是个奴隶而不是一个自由人。

现在有百余人，属于中产阶级或者更低层的人，在平凡的岗位工作上，和他的上司一样有能力，甚至比他的上司更有能力，但是他们非常恐惧"迅速致富"，他们宁愿平稳长久地升值也不想那么那么容易就得到"猎物"。他们在冒险计划和似是而非的猜测中无法自拔，这样他们永远不能让身心自由。是的，国家中诚实的人在重压下为了成就事业而奋斗，这些都要将他们压垮了，但是却很少人能够维持生计，所以他们一直怀疑自己是不是仅仅只剩下自由。但是每一个机会仿佛都对他们关上了大门，因为他们所在的职位并不能抓住机会，所以就不能自由地完成，他们所做的所有的事都不够有利，如果他们把资金投入到了很愚蠢的领域，他们必须采用个人的工作和纯粹的力量去成就一件小计划或者受制于抵押贷款，这时候债务就是不折不扣的商业毒药。他们不能去他们想要去的地方，而是只能去他们必须要去的地方。他们被施加压力而不是向别人施加压力。他们别无选择，钢铁般的环境在逼迫他们。

我知道有一个受害人他的工资是一个月五百美金，但是好几年他一半的工资用商人的话来说就是"花冤枉钱"。当一个相当年轻的人做了一个相当愚蠢的投资的时候，他不仅失去了他所有的存款，还借了很多钱，这些债务每三个月到期一次。除了破产他别无选择，但是他又因饱负盛名而无法做到，所以他的一生就这样毁了。现在他五十岁，膝下有几个儿女，却没有一个像他一样那么有野心，他家庭的幸福以及内心的平静完全被这些阴魂不散的债务毁掉了。他最近几年一直生活在恐惧之中，他差点病倒，偶尔还有些意外发生，而且他的妻子和儿女也要承担这样的后果。

最后的结果是，不仅仅没有完成自己的抱负，连之前的位置都失去了。他的康复能力和本能的乐观变成了苦涩和悲观。他单调的生活只有履行义务，他是一个愚蠢交易的奴隶。在投资之前没有进行调研，他所经历的一切都让他回到了年轻时候的一穷二白，打垮了他所有的精神。他现在什么也不想，更别说去做什么事，仅仅是用来维持家里的生计。生存变成了一件无聊乏味的事，因为在最虚弱的时候，他"抵押贷款"出了他的整个未来。

　　自由和力量对于一个在事业上具有创造性和多产的人在这种情况下意味着什么？消灭借债的毒瘾，把手脚都用纠葛"绑起来"，或许他永远不会从中释放，这样他怎么能够制订自己一生的计划？他怎么能意识到自己的人生宏愿？

　　只是为了吃穿而奋斗的话，因为过去的错误被强制放弃一个人大部分的收入，这不是生活。这不是自由，这是奴役，是扼杀。

　　想要致富的狂躁症——那些邪恶的错误的获得钱财的想法是有志青年中比战争和瘟疫更加糟糕的浩劫。一个芝加哥交易董事会的成员说，整个国家会有骗子跟人们说他们能保证让人们迅速致富，每年能骗取十万美金。他们在旧体制中秘密且精明的诱饵下工作，直到受害人的钱被骗走。几千人都沉闷地在贫困和剥削中做事，觉得懊恼和羞辱。因为他们没有能力奋起反抗或发觉自己的雄心壮志，因为他们只能屈服于那些发起者的计划，他们给这些人洗脑，告诉他们可以付出很少的钱却能收获丰厚。

　　有一阵狂热的活动是用一美金挣到五美金，这个活动像传染病一样传播开来。我们看到甚至很多女人们秘密溜进股票经纪人的办公室或投机商号，把一切都投资到各种各样的产品中，把自己的存款从银行中取出来，把自己的珠宝甚至她们的订婚戒指典当掉，还有的不惜去借钱，在自己的丈夫和家人发现之前想要使自己的利益最大化，然后给他们一个惊喜——原来她们能挣到这么多钱。但是她们投资的绝大多数的项目都血本无归。

上千的美国年轻人都被金融或其他纠葛套牢了，即使之前他们非常顺利地开始了他们的生活。现在他们只能兑换出他们热情投入的十分之一。大部分的他们在这条不归路上越走越远，直到热情的火焰几乎全部被浇灭，还没有点亮灯火。

不要把你或你的钱套牢，不要冒险地把储蓄全部投入到金融产品中，不管那些经纪人承诺有多少回报。不要把你辛辛苦苦赚来的钱投入到那些你还没有完全调查清楚的地方。不要被那些"机不可失，时不再来"的话误导，或者说，如果你等待，你就会失去最好的报酬，而且永不再来。坚定决心，如果你失去金钱，但你不能保证脑袋清醒，你不能把钱投入到你没有完全了解的地方。还有很多美好的事情值得等待，如果你失去了一个，还有上百个其他的在等着你。很多人都会告诉你，如果你不赶快下手机会就会溜走，而你就会失去一个千载难逢的赚钱的好机会。但是你要花时间去调查了解。让它成为你的铁律，不要把钱投资到任何企业，除非你已经从头到尾了解了这个公司，如果不是重要人物领头，你千万不要投资。在你进入一个业务之前充分了解它，是一个能够保证幸福、保证财产、保证雄心壮志的好习惯。

年轻人往往被可疑的人缠住，当他们意识到的时候，他们的名誉已经被玷污了，他们没有慎重地选择朋友，或者让自己在所谓的社交中妥协，或遵从商场上的方式，殊不知他们还太稚嫩。在他们意识到名誉已经被侮辱的时候，不仅仅人格上有了无法洗去的污点，他自己也已经在一个十分不幸和尴尬的位置上了。

　　看看你的档案，年轻的男孩儿女孩儿们。让它清白，也让你自己远离绯闻。既然你珍视自由，那么清白的名誉和能让你一直向上的畅通无阻的道路是一种恩惠。不要让自己在财务、社交、道德或其他方面迷失。不要让自己背负任何形式的沉重债务，这样你才能自由地行动。让你的人格保持独立，你就可以用正直的面孔面对世界。不要把自己放到一个在人前必须道歉、畏缩或低头的位置上。

　　有自由伴随的能力和有决心的悲观主义者比一个被套牢无法行动的天才要好得多。一个富有成效的、高效率的心一定是奔放的、没有约束的。即使你有一个巨人的才智，却把你自己的能力限制在侏儒的平庸工作上，又有什么用呢？让自己在任何维度上保持自由。

26

我只是要你不说谎——
最大限度的诚实是最好的处事之道

🍃 **真话不全说，谎话全不说**

"如果我买了你，你会一直诚实吧？"很久以前一个想要买一个黑奴的人问道。"不管你是不是买我，我都是诚实的。"黑奴回答道。

我们听到很多人都说诚实是最好的约束力。即使是那些左右逢源的人也倡导人们去践行这一原则。诚然，不管做什么，诚实是每个人都应当在其业务中坚守的品质。

在哈佛大学的建筑和大门上刻着"真理"这个词。现在，校园四面被公园的围栏围着，主要入口处有一个著名希伯来人的诗句——"打开正义的大门，让真理进入国门。"那些地球上没有自尊的国度才会迎接那些不守信用的人，"真理在国内"，就像那个希伯来圣人曾经说的，真理蕴含在道德心和生活中。

爱德华·埃弗雷特·哈尔说，当他在哈佛大学的时候，他得到的宝贵的财富就是这四年都是本杰明·皮尔斯老师的学生。"我永远不会忘记，"他说，"我周围那些二十多岁的小伙子也不会忘记，那天的经历。一个人把在家里做的小抄悄悄带进教室。由于他比较粗心，他的作弊行为被发现了。不一会儿那个教室的整场数学考试都停止了。皮尔斯先生面如死灰，声音颤抖地给我们说，真理在上。我们所有在研究学习的东西都是在追求真理。也不知道是否能有人碰巧能够幸运地达到真理，而在此时有人正在装作能够接触真理，装作已经到达真理的神殿！在用谎言玷污纯净的工作！真理！没有一个悲愤的年轻人听到她的时候会忘记。"

"琼斯先生，"伊桑·艾伦，这个提康德罗加的英雄对一个律师说道，"我曾经欠一个在波士顿的绅士 60 英镑，并打了欠条，他已经把欠条送到佛蒙特州收藏起来了。我现在没法还钱，希望你能等我筹到钱晚些时候再结算。"

"没问题！"琼斯先生回答道。当再开庭的时候，琼斯先生说道："亲爱的法官，我们否认这个签名是真实的。"他知道，此举将会需要给艾伦时间，让他去到波士顿召集目击证人。

"琼斯先生，"艾伦用雷鸣般的声音大喊道，"我雇用你来不是为了让你撒谎的！这是真实的欠条。我签过字，我发誓我会偿还。我不想推卸责任。我只是需要时间，我雇你来只是希望你能因为这个原因把审判推迟到下一次，而不是过来撒谎，变戏法似的改变事实。"律师听完后因为恐惧浑身颤抖，但是案件还是如艾伦所愿推迟了。

你有没有听说过善意谎言的坏处？世界上没有善意的谎言，所有的谎言都是恶意的。

看看有些城市商店宣称商品："最低价""打折""批发价""半价销售""赔本销售""关门价""大甩卖""史上最低价""成本大甩卖""破产甩卖""跳楼价"等诸如此类的谎话。不要去这种商店，如果你去了，你肯定会被骗的。

"如果我雇佣了你，"一个底特律的杂货店给一个申请工作的男孩儿说，"我希望你能按我说的做。"

"好的，先生。"

"如果我让你说，这些劣质糖都是高品质产品，你怎么说？"

这个男孩儿毫不犹豫地说："我会那样说的。"

"当你知道这些咖啡豆里掺杂了豌豆，如果我还让你说这些都是纯咖啡豆呢，你怎么说？"

"我会那样说的。"

"如果我告诉你这些黄油很新鲜，但是其实它已经存储了一个多月，你知道后你会怎么说？"

"我会那样说的。"

这个商人非常困惑。"那你的期望工资是多少？"他非常认真地问道。

"一百美元一周。"男孩儿用很正式的口吻回答说。

杂货店主靠近他俯下身子。"一百美元一周？"他惊讶地重复道。

"两周后还要有百分之十的提成。"男孩儿冷静地说。"你看，"他接着说道，"一等一的骗子肯定待遇要高，既然你想要雇佣他们，你就得给他们相应的薪水。否则，那我只要三美元一周好了。"于是，男孩儿让杂货店主陷入了他自己的圈套，然后就接受了这份三美元一周的工作。

但是男孩儿没有卖出去过一磅糖、一磅咖啡、一磅黄油，这虽然都没有让杂货铺老板满意，但是他毕竟成功捍卫住了自己的商业道德。

"真理、坚定的道德底线、正义、荣誉感永远不能离我们而去。"一位美国著名发言人告诉他的儿子，"谎言总是伴随吝啬、虚荣、怯懦和堕落腐败的本性而来，它们无法完成他们的目标，而且让说谎者被人瞧不起。"如果没有坚定的道德底线、正义和荣誉感，没人能够在任何一个领域成功，也不会受到人们的尊重。这些谎言早晚会被揭穿，而且还会比他们预想得更早被揭穿。事实上，你真正的性格一定会被知晓且能被公平地判断。

🍃 谎言的代价

一位男士在坐火车的时候占了一个位子，操着一口西部口音，把他的行囊和包裹都堆在他旁边的座位上。车上逐渐拥挤起来，一位绅士过来问他旁边的座位是否有人。"是的，这些东西都是另外一位先生的，他现在正巧去吸烟了，一会儿就会回来。"这位绅士有些怀疑他说的话，说道："好的，那我就先坐这儿，等那位先生回来我就站起来。"说完，绅士开始把座位上的行李搬开，放到地板或者行李架上。

这位男士瞠目结舌，可是又不能说什么。事实上，"那个去吸烟的先生"是虚构的。不久以后，这位男士到达目的地了，开始收拾自己的行李。"不好意思，"那位绅士说，"您刚刚说这些行李是那位去吸烟的先生的。我觉得根据您刚刚说的话，我有必要保护行李不被带走，毕竟这不是您的行李。"这位男士恼羞成怒，但还是不敢把自己的行李带走。这时候乘务员被叫来了，他听了两个男士的陈述，说："好吧，我觉得我会保管好这些行李，把它们带到城市的终点站，如果到时候没人认领，那么你，"她指着那位一开始否认自己所有权的男士说，"才可以把它们带走。"伴随着阵阵嘲笑声和掌声，列车一停，这位男士就狼狈地一言不发地下了车。第二天，他拿到了自己的行李，但是被自己撒谎占用座位的行为狠狠地惩罚了一下。

试想一下，我们所在的世界，处处充满着欺骗和谎言，世界上的山川湖泊、海洋森林都是假的；地球上看起来繁荣富饶，但其实在用假的丰收来嘲弄我们假的种子；我们看起来美丽的景色，其实只是一个海市蜃楼；某些地方没有地心引力去依靠；星球脱离自己的轨道，原子并不是像我们研究出来的那样运动。但是这些都不是真的，因为自然没有假象。只有在考虑到人类的时候，我们才说："邪恶有很多工具，但是谎言是能够和它们同谋的工具。"

"常言说道，"玛格丽特·桑斯特说，"一个谎言需要说谎者用半打谎言来弥补，当他知道了这些的时候，形势会出奇复杂，但是这并不是全部。一个人说谎的可能性在很多情况下展现了他的品格，是想要完善诚信还是囫囵吞枣。我曾经见过一颗非常美丽的钻石，因为一个专家发现了一个非常微小的瑕疵，价值就一落千丈。一个人即使在很小程度上不履行诺言，他的人格也会大打折扣。这仿佛就是水果表皮的小斑点，预示着水果开始腐烂了。你说服自己说谎一次，你就会轻而易举地找到第二次说谎的理由。"

如果一个年轻人应当设定一个坚定不移的目标，就是无论如何都要说实话，做的承诺无论如何都要兑现，每一个任务无论如何都要用最崇高的信仰和最充盈的敬意为他人的时间负责；如果一个人能把自己的名誉看作无价之宝，感觉世界上每一个人的目光都停留在他的身上，那么他就不会和真理有哪怕一丝一毫的偏离；如果他一开始就坚定了自己的立场，像乔治·皮博迪一样，拥有无限的信誉和自信，就能将自己打造成高贵的人才。

　　当富兰克林在费城建立自己的事业后不久，他接到一个想要登在他报纸的出版物。由于当时很忙，他拜托给一位先生留意一下。第二天，作者给他打电话并问了一下他对出版物的看法。"先生，"富兰克林回答道，"十分抱歉，我觉得您的作品非常低俗下流，还有诽谤的嫌疑。虽然我们贫穷，报社在亏损，至于是否拒绝出版，我觉得我应当说明：晚上，当我完成工作的时候，我买一个两分钱的面包，我觉得这样非常健康，然后用一件上好的外套把自己包裹起来，我在地板上沉睡到天亮，早晨我又会有一个面包和一杯水做早餐。现在，先生，既然我可以这样怡然自得地生活，为什么我要为了奢侈的生活让我的报社沦为让人嫌恶的笑柄呢？"

　　在联盟战争时期，罗伯特·李将军在和他的一个长官谈话提到他的军队的时候，一个农民的儿子正在偷听他们谈话，将军指出要进军葛底斯堡，而不是哈里斯堡。这个男孩儿勾勒出将军的意图，向州长报告。此时，这个男孩儿收到了一个特殊的引擎。"我愿意献出我的右手，"州长说，"来确定这个男孩儿是否说谎。"一个班长回答说："长官，我了解这个男孩儿，他不会说谎的，他的血管里没有一滴撒谎的血液。"十五分钟以后，联盟的军队就进驻了葛底斯堡，并获得了胜利。人格即是力量。最好的事不外乎去做一个对自己有高要求、对人生有长远目标的人，哪怕在诚挚中死去，也要追求高贵和真理。

当成为两个生意人谈判时候的指导思想的时候，如果每个人都能坚持在交易时坚守自己的原则，那么真理将永不磨灭。

"去相信那个一无所有的人，"劳伦斯·斯特恩说过，"即使他对任何事都没有清醒的认识。"这难道不是一个有时诚实有时却是大骗子的人吗？

"把它放回去。"约翰·昆西·亚当斯总统对他在分类架上拿了一张纸写信的儿子说，"这是政府的财产。桌子边上那一叠纸才是我的。我会用我的纸来写信或用于私人事物。"

这种觉悟或许会被认为都是些琐事，没有必要计较。但是"邪恶"和"美德"的分界线有时候会很模糊，甚至你在自己没有意识到的时候就跨越了，而这对于年轻人来说就很危险，如同孩子与刀共舞，玩火自焚。如果一个人在小事上都值得信任，那么他在做大事的时候也能值得信任。

一个五分硬币那么小，以至于很多人都不认为如果他们把乘务员忘记收取的五分钱费用保留下来是不诚实的表现。这些人会愤愤不平地怨恨那些指责他们不诚实的人，即使他们毫不迟疑地知道自己并没有权利去将这五分钱据为己有。但是当他们知道杂货店店主在称茶叶、咖啡或者其他商品给他们少了哪怕微不足道的重量的时候，或者送奶员为了自己的利益哪怕在他们的奶中只舀了一匙的时候，都会觉得自己很受伤，被欺骗了。这些人"善意的愤慨"，看起来和骗人的杂货店店主、送奶员或者其他生意人不同，但是当他们知道什么是"黄金法则"的时候，就会知道自己根本没有立场做这些。但是，如果我们自己都不坚守诚实，又有什么权利要求或者期望其他人也这样做呢？

在商场中绝对的道德是必须的，它会从两个人在交易场的天性显现出来。如果他们在某种程度上彼此不信任，那么这一刻将永远不会发生。诚然，人都会承认自己犯过错误。比如现在已经可能有那种拿着左轮手枪出去，做"杀一个还是杀两个人"决定的人了。

"我还记得，"迈诺特·萨维奇说过，"和一个我见过的西部中头脑最清醒的人谈判的时候，他提出了一个我不想同意的要求。的确，如果他利用那些能给他更好价钱的人的无知来获取更多利益，的确也不是不可以。他说，如果碰巧那个人让世界上的其他人知道了他被欺骗了，就因为之前利用别人的无知来获取自己的利益，那么这个被骗的人只能责备自己和自己的无知。我扪心自问，这样是否可以让自己的良心过得去。我们是否应当利用同胞的无知、缺点、虚弱来获取利益，让他们陷入比原来更加悲惨的境地？"

马克·吐温告诉我们，奥杜邦贫困的后代，在极度穷困潦倒的情况下就会想要出售大卷宗来换取几百美金。其实真迹在市场上能卖一千美金左右。买的人为贪了这么一个大便宜不禁咯咯笑起来。"哈蒙德·特兰伯尔镇多么与众不同啊，"他说，"一位南部的女士在极其艰难的情况下写信给他，她有一本艾略特的印度语圣经，并想要以一百美金的价格处理掉。他回信道，如果是上等的副本，肯定有它应有的市场价值——千美金，他会以这个价钱把它卖给大英博物馆。事实证明，这个副本真的很珍贵，而且她的确得到了一千美金。这是一个充满人类荣耀的交易。"

一个人欺骗无知的邻居，我们顶多说他"心术不正"，我们应当用"铅垂线"重新把他的人格扭转过来。

🍃 和你的客户换位思考
商人的黄金法则是"和你的客户换位思考"。

我曾经读过一个奇怪的故事。当菲利浦·伍兹开始为自己做生意的时候，据说他跪下祈祷他的账本里没有上帝无法原谅的错误。

诚实地赚钱是现代社会很热的话题。权利交换的原则必须是等值的，"交换条件"是现在很常见的短语。在所有诚实的交易中，随着每一件货物的签收，一个公平的交易就完成了。在每一个合法的议价中，双方都因为对对方的货物感兴趣，也因为得到了自己想要的东西而满意。

两个弗尼吉亚州的老农民交换了他们的马，条件是，在这周周末那个觉得自己捡了便宜的人应当给另一个人两蒲式耳小麦。一周过去了，他们在两个镇的半路相遇，每个人都背着一袋小麦。他们都觉得他们捡了大便宜。如果有个人想要骗人，就应当让他将心比心，和另外一个人换位思考，像爱自己那样爱别人，这样他就不会骗人了。

"没有一个商业交易是公平的"，莱曼·雅培说过，"除非这项交易的目标是绝对的双赢。"

内森·斯特劳斯是纽约一位著名的商人。当有人问他，究竟是什么对他的事业产生如此显著的影响的时候，他说："我总是为交易的另一方考虑。"

这句话给现在精明、圆滑、尖锐、一心想着成功的年轻人多么深的启示啊，其实那些年轻人应当再被教育一番。

斯特劳斯先生说，如果他在交易中没有得到应有的利益，他也会忍受，即使损失惨重，但是他绝对不会再和那些让他交易失败的人再一次合作了。他觉得他自己的损失，哪怕再严重都能弥补，但是一个人算计他故意让他有损失，他因此受骗，那么没有什么能够补偿他，因为骗子的人格已经有了永久的缺陷。

一个国家历史上的龙头企业的建立，彰显了建立者总是站在"交易另一方"的角度去思考。

美国最成功的零售店建立者之一说，他给自己立下一条规矩，就是如果能避免，永远不能出现不满意的消费者。因为他觉得，如果出现了不满意的消费者会是他零售店永远的敌人。而且，他还说，这还伤了他的自尊——有人能够顺理成章地对他失去信心，毕竟，诚信才是事业建立的基石。

年轻人总是希望一夜暴富，他们想在一两年就建立起成功的事业，没有任何学徒期，不用做枯燥的苦差事，他们只以自己为中心去思考、去扩张，以至于经常忘记"交易的另一方"。

"为什么你没有卖给她？"当一位女士空着手从波士顿的一个干货店出来的时候，经营者问道。"因为，"店员回答道，"她问我有没有米德尔萨克斯，但是我们没有。""你为什么不告诉他旁边这一些是米德尔萨克斯？""因为这不是，先生，"店员说道。"你太吹毛求疵了。"经营者大叫道。"好吧。"店员说，"如果我必须撒谎才能保住我的工作，那我辞职。"这位诚实的店员最后成了西部一位富有而受人尊重的商人。

乔治·皮博迪有一次从一个杂货店辞职了。是因为这家杂货店卖香烟，但是声称不会卖给任何人伤害他们身体的香烟。

没有什么比一个雇主给雇员一个无止境的诱惑让他骗人更残忍的了。扎斯特斯·克兰，纽约人，最近诱导一个雇主撤销对一个盗窃犯的起诉。其实这名盗窃犯只是偷了一条很便宜的烟，他说是因为他知道了杂货店的店员的工资每周只有五美金的时候激起了他偷窃的行为。治安法官于是引用了他自己年轻时候在纽约市奋斗的经历：

"当时我每周只有两美金的收入，可是这已经是我能赚到最多的了。我的雇主从来不注意我，好像我只是一条狗一样。我知道我的服务对于他们来说至少值一周五十美金，但是他们只给我两美金。曾经有一阵子，我连着好几天都没吃饭。可是我永远也忘不了那一天，当我没钱买饭饥肠辘辘一整天，拿着给公司的两千五百元美金现金的时候，我承认，那天只有我母亲相信我绝对诚实不会偷窃。这个公司在当地是最大而且最有影响力的公司之一，你看我当时和现在这年轻人的处境差不多。"

这的确是每一位雇主都应吸取的教训。

对很多人来说，有时候对年轻人来说，机会来临是需要在问心无愧和肮脏财富中选择的。这对于大城市里的人来说是事实，也是通往奢侈生活的巨大诱惑之一。如果我们能够满足于现在简单的生活，就像我们前辈一样，像在乡村里那样，可以看看这个真实的世界。因为我们不欠任何人钱，那世界上就会少一些偷窃行为。那些开始奋斗的年轻人，甘心贫穷但是有骨气，就是在手中握着成功最大的筹码。

当维克斯堡被占领的时候，一位联邦上校说，一个南部的边防有一个严厉的规定，不让任何棉花过境。不一会儿他就接待了几位北部纱厂的代表。他们暗示，如果上校能够睁一只眼闭一只眼，他们就一次性给上校五千美金报酬。上校辱骂了这些人，并且让他们抓紧离开边界，还警告说："你们想要贿赂我？赶快放下棉花滚，要不然我就开枪了。"他的道德不言自明。不一会儿又有一群纱厂代表过来想要带着棉花过境，还暗示给上校一万美金。他们依然遭到一顿臭骂后，被赶出了边境。有一会儿，第三拨儿人来了，依然想要拿着棉花过境，还暗示要给上校两万美金。上校骂了他们，并把他们赶走了。至此他的道德立场始终坚定不移，但是他心里开始感到困扰。他去找将军，告诉他自己如何对待那些人，那些人怎么给他丰厚的报酬作为诱惑的。上校说："我想要告老还乡，对我来说考验越发艰巨。我可以忍耐一些事，但不是所有事。人性就是有它的局限性，我害怕我已经到达极限了。看，他们第一次给我五千美金，继而一万美金，然后两万美金，我都忍住了，但是我不知道下一次是不是会给我五万美金，我怕受到人性和自我利益的驱使我无法坚守信念。所以我想要在我失去荣誉之前告老还乡。"

27

你是可以失败的——
每一次从失败之处站起都是你被别人羡慕的资本

从失败中站起来

"我希望，"罗斯福总统在华盛顿的一次演讲中说道，"在暂时经受生活的打击的时候，其实每个人都会经历这些，美国人民的决心不要退缩，要重新站起来从失败中夺取胜利。"

"重新站起来，从失败中夺取胜利。"这就是每一个勇敢、高贵的灵魂取得成就的秘密。

或许对你来说过去总有很多苦涩的令人失望的事，从头看一遍你会觉得，你的失败，或者你所在的工作，一路走来都那么平庸。你可能没有在你希望的领域有所作为，当你想要赚钱的时候却花了它，或者你和那些和你非常亲密的朋友或者亲戚失去了联系。可能你失去了很多生意，或者因为你无力支付抵押贷款，你的家庭遭受重创；或者，因为你生病无法工作。

一系列的变故或许会慢慢稀释你的力量。新的一年或许也会呈现一个不怎么样的前景。但是，尽管这些不幸都发生了，如果你坚持不被打倒，胜利就会在不远的路上一直等你。

一个小男孩儿被问到，是如何学会滑冰的。"哦，就是每摔倒一次，都勇敢地爬起来。"男孩回答说。就是这种精神指引我们和我们的军队走向胜利。失败不是指倒下去，而是没有勇敢站起来。

当奥地利的七万五千大军横扫拿破仑的一万两千大军的时候，拿破仑发表演说："我对你们非常失望，你们既没有表现出纪律也没有表现出勇气。你们让自己受到职位的驱使，这足以让一个坚毅的人在军队中被捕。你们不再是法国士兵了。请行政人员把这句话写进标准，'他们不再是法国军队的人了。'"

被攻击到的老兵含泪解释："我们被误解了。我们和敌人军队的比例是一比三，请再相信我们一次，把我们安排在最危险的岗位，然后再看我们是否属于法国军队。"在下一场战役中，他们被安排在了大马车上，他们不辱使命地把奥地利军队打败了。

一个人丧失了勇气，害怕面对这个世界，可能仅仅是因为他犯了错或不慎失足，或因为他的业务下滑，或因为他的财产被自然灾害卷走，或因为遇到了其他无法避免的灾难。

下面是一个对你男子气概的测试：如果你外在的一切都没有了你还剩下什么？如果你现在倒下了，举起手来承认已经被击败，你没剩下什么？但是如果你还有一个坚强的内心勇敢向前，决不放弃或者失去信念；如果你打消了撤退的念头，就说明你剩下的比你失去的要多，比你的失败也伟大得多。

"我知道没有不容置疑的职位和主权思想的旗帜，"爱默生说过，"因为观点在经历了伙伴的变化、政党的变化、财富的变化仍然坚定，变化不会让心里的希望减少一点，但是却把反对全部瓦解。"

就像尤利西斯·格兰特一样的男人，不管在战场上和敌军战斗，还是向反对派发起斗争，他们都为了他们爱戴的人而勇敢战斗，即使死神的一只手已经搭在了他们肩上。"不要让心里的希望消失。"在最困难的情况下取得胜利——这就是像拿破仑一样的人，拒绝承认失败，他们的字典里没有"不可能"，这样才能取得成就。

你可能会说，我们失败了太多次，没必要再尝试了，我们没有希望取得成功的，而且由于跌倒太多次几乎都要一蹶不振了。大错特错！对于一个精神上不可战胜的人来说，他的世界里没有失败。不管多么失败，成功对他来说还有可能。推翻斯克鲁奇这个守财奴的时候，在他的弥留之际，一个痛苦狭隘无情的掘金者，他的灵魂已经被自己堆积成山的金子禁锢，如果想成为一个宽宏大量且博爱众生的人，在狄更斯脑袋里已经不仅仅是神话一样简单了。时代一次次在我们身边上演并成为历史，记录在我们的报纸中、人物传记中，或者呈现在我们眼前。我们看到人们挽救以前的失败，在垂头丧气中崛起，再一次坚定地向前走去。

世界上有成百上千的人失去了所有，但是他们只是失去而不是失败，因为他们有着不可战胜的精神——坚定的内心毫不畏惧。我们究竟欠了周围那些伟大的不可征服的军队多少啊！他们总是能够把自己从失败边缘拽回来走向胜利。

如果一个人还没有丧失所有的勇气、人格、自尊和自信，那么他不会失败。他还是自己的国王。

如果你天生胜利，如果你还有勇气，你的不幸、你的失去和失败都会激活你的勇气，让你更加强大。"是失败，"比彻说过，"才能把骨头变成骨骼、软组织和肌肉，让你无往不利。"

某些人在前半生生活幸福，一切看起来都那么顺利。但是在他们不断积累财富和名誉、广交朋友的时候，他们的人格仿佛也强大和平衡了。但是当他们遇到挫折，麻烦来了的时候，比如生意上失败、恐慌，以及其他领域一些大危机把他们压倒。他们绝望、伤心，对于一切失去了魄力、信仰、希望以及再去尝试的勇气。他们的人生仅仅被物质生活吞没了。

这才是真正的失败。对于很多沉入这样绝望的人来说只有小小的希望了。即使对那些骄傲、耐心、傲骨到连自己名字也不会写的人，也只有这点希望。希望是给那些即使残疾也有勇气，即使被看起来没有任何机会的世界包围也有骨气的人的。但是对于那些一旦失败却无法再次站起来的人就没有任何希望。一旦挫折来袭，他们只能缴械投降，束手就擒。

如果可以，就让一切都过去，但是一定要稳住自己。不要让你的气节丢掉。这是属于你的无价的珍珠，比你的生命都要重要。不管生命几何，你都要随时带着它。

一个人应当比他遇到的失败更伟大，这种失败应当是他很少在传记里提起的，应当仅仅被当作他职业生涯中的一次小事故，虽然蹩脚，但是并不重要。真正的男子气概是比那些世俗的成功或失败更重要的。不管有什么逆境，有什么失望、失败朝他扑来，一个真正伟大的人经受了这些只会更加高贵。即使在暴风雨或琐事中，他也不会失去镇定，没有坚定信念的人都屈服在他泰然自若的灵魂下。他们的冷静自信就是对自己的宣言，一切尽在掌握中，没有什么能够伤害到他们。就像森林里的帝王一样，不管经受多少腥风血雨、大风大浪，依旧屹立不倒。

🍃 把每一天活好，相信总会有好事来临

我曾经在一阵龙卷风横扫后看到世界的满目疮痍。龙卷风把一切脆弱的、缠在树上摇摇欲坠的藤蔓都连根拔起。只有那些高大健硕的大树屹立不倒，经受住了严峻的考验。我经过的村子里所有的建筑，除了那些地基打得深入牢固的，才经受住了那可怕的力量。当一个历史性的恐慌横扫整

个村庄，数以千计只用少量钱或者没有经验的工人建造的单薄的房子倒下了。只有那些有着雄厚资金建造的安稳蓬勃的房子才经受住了如此严峻的考验。当危难来临，金融危机爆发，那些胆小、懦弱、没有脊梁骨的男人就是第一批殉葬的人。就是这些困难让弱者更弱，强者更强。

"什么是失败？"温德·飞利浦说，"失败就是急功近利。"很多人最后成功了就是因为他们经历了无数重复的努力。如果他从来没有失败过，那么他永远不会迎来伟大的成功。失败中蕴藏着成功，给有勇气的人注入新的决心。或许，他因为不想受到失败的刺激，满足地走在平庸的路上。失败会激起他挑战完美的决心。经历了一些失败以后，他会告诉自己，或许，第一次他就知道自己究竟有多少力量，就像一匹马，当他以前觉得自己就是奴隶的时候，衔着一点食物跑了很远。

很多人从没真正地发现自己，直到危难迎面来临。他们似乎不知道如何展开自己的铠甲，直到自己经历了一个致命的灾难，或者看到了光明的前途，或者他们的家成了废墟，又或者，幸福让他们找到了生存的本质。

年轻人如果不是突然经受了什么巨大的损失或者挫折，就不会建立自己的主张，没有困难的攻击或者前所未有的麻烦，就没有人知道他们的能力。最最绝望的困境会激发他们在曾经的安逸和奢侈时去做从未想过的事。在危机到来之前，他们从来不知道自己的能力和力量的上限。

很多女孩儿过的是安逸奢侈的生活，从没有受过生活的磨炼，突然因为天灾人祸、家庭的破产、失去了父母的关心和抚养，从而进入了人生的困境。这时候她就会发现自己的责任，不仅仅是养活自己，还要照顾弟弟妹妹和虚弱的母亲。这种危机激发了她的潜力，培养了她的独立以及没人能够想象到的自我提高，甚至连她自己都难以置信。

我们的天性里的确有那种无法言说的神圣使命，没有从其他平凡的能力中继承，比那些能够看到的能力埋藏得还要深，但是当我们一旦遇到巨大危机或者灭顶的灾难，它就会起到巨大的作用。当死亡或危险威胁到列车或者轮船的事故时候，我们经常看到男人，有时还有羸弱的女人，发挥出了他们巨人般的力量去努力让自己脱离那些即将到来的危难。在海上遇到危险的时候，在面临洪水侵袭的时候，有多少纤弱的女孩和妇女完成了艰巨的任务，那些她们认为在危机中不可能完成的像变魔术一样的任务。

这是我们体内蕴含着的精神力量——那些我们日常生活中并没有体验过的、觉得能够帮助我们的力量，却让男人成了巨人，给人类打上了神圣的烙印。那些能够熟练运用所有资源的人，让神的力量都帮助他立于不败之地。如果在事故中，神没有以它的形式存在，怜悯我们，让那些幸运发生或者不发生，那么将是多么奇怪啊。不，对于一个能够看到自己力量的人来说没有失败，他不知道他什么时候被打倒，在那些坚定地努力和不可战胜的意志面前没有失败。对于那种每次跌倒每次都爬起来的人来说没有失败，即使所有人都放弃了，他们也还在坚持，所有人都打道回府了，他们还在英勇向前。

"因为我们，很多事都化险为夷。"

多少次我们在生活中遇到危机，遇到困难，我们觉得那是巨大的灾难，如果不去避免，很有可能摧毁我们。我们害怕自己的雄心壮志遭到挫败，或者我们的生命遭到毁灭。随着我们距离灾难越来越近，对无法避免的打击的恐惧会慢慢吞噬我们，这才是最可怕的。

很多时候，作家的一生仿佛是这样的——当看起来一无所有的时候，所有都超出了他的控制的时候，一切都是一团糟，仿佛是一个无解的谜题；但是当威胁到生死存亡的暴风雨过后，太阳重新出来，一切就都又平静下来。如果我们向前望去，麻烦看起来仿佛密集且仿佛能招招致命，但是，当我们渐渐走近了，就会看到一条干净的小路，很多机会，很多笑脸，还有很多人在我们需要的时候帮助我们。当我们再次审视我们的生命，就会发现没有什么灾难真正地发生过。很多事的确威胁过我们，但是在某种程度上，因为我们而化险为夷。所以，我们牺牲了自己的快活，我们长大变老，有了皱纹和驼背；我们牺牲了青春去担心那些根本不会发生的灾难。为什么我们如此轻易地就葬送了我们的幸福呢？

我们知道我们依赖神赐给我们的每一个呼吸，保护我们，但是奇怪的是，我们却没有学着毫无保留地去信任他。

对于我们来说只有一件事需要做，那就是在我们生命的每一天尽力做到最好。用我们的判断，来相信神的力量，是他掌握着整个宇宙的力量，把所有事情都安排妥帖。

28

累了，就找个地方依靠——
不要忘记给你的心灵洗洗澡，它也需要时常除尘，时常净化

"准备好自己去拥抱世界，"查尔斯菲尔德勋爵说过，"就像运动员一直在练习一样，磨炼让你的心灵和举止更加柔软有弹性；仅仅有力量是做不到的。"

对于那些不论是心灵、身体还是举止，一直让自己温柔灵活的人来说，这让他们更加成熟。查尔斯菲尔德在心中就达到了社交成功，仅仅是当说人们应当通过给心灵加油达到保持言谈举止的温柔和灵活。但是，对于商人、学者、作家、老师、牧师，或者其他需要比别人更领先的职业，要让自己的内心一直丰盈。否则，他们就不能对新生事物保持敏感，这些都是行业建立以及进步的基础。

　　在人类历史的早期，当南塔基特岛上道路稀少的时候，这还不是重点，很多不同观点的告示出现在桑迪平原上，警告过路者不要"耕出路来"。"这种显而易见的想法，"一个近代作家说，"你必须让自己进步，对他人更加体贴，走入平原的时候应该选择一条新的路径，而不是每次都循规蹈矩地进入同一条路。"

　　我们都知道重蹈覆辙是危险的，如果说"亲不敬，熟生蔑，狎能生慢"在字面上不太对的话，那么毫无疑问，在很多情况中，当我们对我们周围的环境越来越熟悉的时候，我们就很难发现它们的缺点。如果心灵不能保持灵敏或者对新事物反应能力不够快的话，通过和其他人进行交流可以达到；如果在年轻的时候就没有通过持续的努力让自己达到一个最理想的状态的话，不仅仅是一个人的业务，他的交易、他的专业或是他的职业，还有他整个人都有可能渐渐毁掉。大脑，也像身体的肌肉一样，通过使用才能生长。当一个人在他选择追寻的事业中停止锻炼他的能力的时候，他的大脑和他的工作都会一点点消失，直到他没有办法通过其他人、他的工作或者第三方业务的观点来衡量自己，就会停止。当他达到这个成长状态的时候，就到了事业生命的尽头，毁灭已经大步朝他走来。

　　没什么能够比持续保持高标准并时不时反省自己更有传递性，然后开启新的征程。不管一个人的职业或者专业是什么，他取得显著成功的机会只有十分之一，如果他一开始就下定决心，最少一年，他就能从头到尾认识自己，以及了解那些局外人的观点和方法。

　　对自己承诺是非常容易的事，当我们开始生活的时候，我们不会降低我们的理想状态，我们总是向前或者向上前进，我们能够通过和领袖合作，学习他先进的思想，也能发现自己的时代。我们不能梦想着一直提醒自己要锻炼身心来保持理想状态；我们无法把对我们或有或无的所有影响都计算在内，如果我们想要保持年轻时候高标准和美丽的梦想的时候，我们就要努力奋斗。

开心的唯一一条途径就是，在生活中利用每一个能够照亮我们生活的小机会。一天天、一年年地推迟享受，直到我们挣到了更多的钱或升到了更好的职位，再去旅行，再去欣赏艺术著作，再去建造优雅的大厦，找到了去实现更远大理想方法的时候，就是在欺骗自己。不仅仅是失去了目前的快乐，而且还失去了未来享受的能力。

说起期待幸福，某些人恰当地形容："就像我想要抓一只蝴蝶维持生计，或用一瓶月光照亮黑夜。"推迟享受永远是失败的。很多结婚的年轻人，创业的时候几乎没有资金，像一个奴隶一样工作好多年，把每一个能够放松娱乐的机会都放到一边，拒绝看戏、听音乐会、郊游或买一本垂涎已久的书、偶尔奢侈的外出或聚会，把阅读和陶冶情操的时间都推后，直到他们有了更多钱以后。每一年他们都给自己许诺，来年他们一定要让生活更加简单，甚至去旅行一次。但是当第二年来临的时候，他们感觉就要节约时间了。因此他们总是把享乐一年一年往后拖，很少能够意识到事实是，这样连续的拖延让前一年的遗憾更少了。

当他们觉得时间足够充裕可以娱乐的时候，他们有可能出国旅游，或者开始听音乐，欣赏艺术作品，或者通过学习和阅读试图开阔他们的视野。但是那时候就太晚了。他们身上有太多这些年来自己给自己印上的无望的烙印，新鲜的生活分崩离析，热情消退，雄心壮志的火苗也熄灭了。那么多年漫长的等待瓦解了享受的能力。他们牺牲所有的追求愉悦和光明的天性换来的财产都变成了一片死海。

这样的人生，已经在千千万万个家庭里上演，几乎都毫无价值。他们对人类的幸福和进步几乎毫无贡献。这样的生活不能称之为生活，只能是生存。

难道生活仅仅是不断地呼吸，没有更高的意义了吗？难道除了一切"向钱看""向房看""向地看"，没有更重要的事情了吗？我们的身心有着无限的能量，难道在死之前没有任何成就和妥善处理不会被嘲笑吗？如果人们都生活得像牲畜，为什么还要有人类这种形态，还被冠以了神圣的标签？

渴望享受，追求光明和幸福并不是故意植入我们体内的。它们也是要在我们展开的生命扮演一定角色的，就像雄心壮志一样的存在，渴望知识、美丽和美德，或其他人类拥有的美好品质。像一个规则一样，人们去培养自己享受的习惯，更好地利用周围的机会来满足自己某些无害的娱乐，通过享受音乐、欣赏艺术珍品来享受生活；通过领略自然的美景或者阅读一本颇具启发性的书，去点亮、开阔自己的生活。这些都会让你不知不觉地发现自己已经比那些积累了财富才去享受和放松的人在成功的道路上领先了。

29

闲不下来的人——
请记住，闲暇处才是生活

没人能够不带薪一成不变地一年三百六十五天都在工作，这样他们出色的能力会退化，或者失去美好的生活。

很多人，尤其是生活在城市中的人，失败了，失去了健康的体魄，并且因为不知道如何照顾自己的身体而没有成为想要的样子而深深地遗憾，如果他们当时足够睿智，在需要的时候给自己放一个假，或许情况就会不一样。但是他们从年轻力壮的时候就年复一年自愿贡献出自己的身体。他们没有喝到充满活力的清泉，没有享受到地热能量的温泉，而这正是地球更新自己的方式。只是将自己埋在无尽的野心和不断的自我扩张中，沉浸在财富和名利的美梦中。他们把自己卷入令人窒息、一成不变的城市生活中，直到变得紧张焦虑，疲惫不堪。他们不知道变化是多么重要，他们也不相信只是一个假期就能让他们恢复元气；他们嘲笑那些放弃自己工作搬到乡村的人。事实上到最后他们也都这样做了，不过也太晚了。很多像这样无法停止工作的人总是生活在忐忑中，试过各种各样的药物、按摩或者其他治标不治本的措施，想要重回健康的体魄。但是他们发现这些其实对于恢复活力于事无补。

如果一个医生向你承诺健康稳定的体魄而不是紧张疲惫的身心，他能让你健步如飞，给你结实有力的肌肉，他能给你的生活重新注入希望和勇气，他能魔法般地把你生活中的所有让你不开心的焦虑、气愤的事情都带走，让你更加冷静镇定、乐观向上，更加有风度，你肯花多少钱呢？其实无论多少你都应该给他。但是只要你能放下所有事情，飞去乡村休息一阵，让自己的身心完全从业务中释放出来，让你的事业在这段时间休养生息，就能变得更加强大。

很多生意人和和专业人士完全是自己职业的奴隶，已经成为半个工作机器，成为循规蹈矩、墨守成规的牺牲品。他们能够熟练地做事是因为他们昨天已经学会了，去习惯一个流水线比去做出改变要容易得多。

我曾经的一个室友和我一起住了好几年，告诉我他从来没有办法有一个假期。我曾经给他的办公室打过好几次电话，他没有一次得闲，总是忙得团团转。他的工作一年到头没有停顿，他坚信天道酬勤。他说，所有关于休息和度假的言论都是没有意义的，那些不工作的时间就是在浪费时间，对于那种无所事事的出国度假生活，生命太短暂了。

结果就是，他这些年来一心一意的工作打垮了他的身体，他的手颤抖着艰难地签下一份表单。他曾经坚定、富有活力的步伐被拖沓和优柔寡断取代，而且他的举止中疲态尽显。他给你的印象是一个几近崩溃的人，但是他还是拒绝停下手中的工作去度假休整。尽管他能挣钱，但他仍然是个失败者。和他一起工作的人没人同情他，因为他们觉得这个人太吝啬太小气以至于不愿意休息一下。他的家人和同事都排斥他，因为他一点也不友好。他仅仅是一个工作的机器，冷酷无情，反应迟钝。如果有人给他看他现在真实的模样，这些年他繁重的工作带给他的影响，他不会认为这是真的。他觉得在年轻的时候自己是一个心胸宽广的人。

　　我们到处都能看到这些没法给自己放个假的人。他们拖着疲惫的身躯在街上走，想要用精神意志调出本不属于他的能量。我们看他在家里的状态——烦躁不安、急躁易怒、闷闷不乐，把孩子赶走，那可是他曾经深爱着并一起玩耍的孩子们啊。他无法忍受孩子们的噪音，更别说融入那些幼稚的娱乐。他试着拿着自己的书或者文件独自待在一个角落，他觉得很受伤，因为觉得妻子已经不像以前那样在乎他了。而他自己并没有发现他自己紧张的情绪把妻子的爱和关系越推越远，以至于她已经不想再重复说那些话。他都没有意识到，自己在为维系家人最脆弱的纽带努力，以至于让家里气氛变得不那么愉快。

　　我们最后会看到，这个曾经觉得自己无法抽身去度假的人，就在外国景点喝着饮料玩着儿时的泥巴浴呢，我们会看到他在各种矿物温泉中享受，补偿在谈判中遇到的糟心事。他坐大巴去长途旅行，他坐着轮船和游艇在大海上追逐健康的生活。他去各地游历，去咨询那些世界级的专家，想要重获他之前因为努力工作赚钱、透支身体所丧失的生机和活力。

大脑疲劳时会非常迅速地告诉你它需要休息。当它想要切换任务，它也会给你一个明确的信号。当你在非常琐碎的事情上无法自控，当你逼迫自己去做原本是应该开心的事，当你开始觉得麻木易怒、没精打采，当你的抱负和热情开始衰退，当你头疼脑热、眼睛浑浊、脚步乏力的时候，你的大脑就会不停当机，让你怀疑自己是不是自己想成为的那个人。不管你是一名学生、一个商人、一名教授，还是一位家庭主妇，这些症状都不容无视。这是你的身体在提醒你，你必须停下来歇一歇了。如果你不注意身体的警告，它会让你遭到惩罚，尽管它和你在生活中风雨同舟。不论是国王还是乞丐，这些标签对于身体来说没什么不同。你要当心你做的事是不是自然规律不允许的。你的身体会提醒你一次、两次、三次甚至更多次，但是在最后通牒的时候你就无法翻身了。

很多人只能在灵柩里做最后的长眠，是因为他们不断推后假期透支了生命。还有一些人不是在医院就是在疗养院，因为用脑过度惨兮兮地进行局部麻醉，粉碎神经，打破组织，就是因为他们觉得自己无法每年给自己几周时间放个假。

我们注意到，这些告诉你因为业务或科研压力无法抽身的人，其实却不如那些能够给自己一些时间去休养和成熟的商人成功。相比于二十五年前，商业法则已经有了翻天覆地的变化，那些有能力、又努力地去开发完成项目的人已经挣脱了先辈们的旧奴隶时代。他们不会在办公室花费很多时间，但是他们用更少的时间达到更好的效果，因为他们更有能力。他们更具自发性做事也更加轻松，因为他们的能力没有被冗长的苦工拖垮。

什么时候人们才能明白能量不是来自于周围的一砖一石这种表面的环境因素呢？如果我们想要在原始生活中获得这种力量，那么我们必须回归简单的生活。我们现在变得太肤浅了。我们必须俯下身子，在草甸、山峦中，去啜饮流淌的小溪。我们必须在鲜花满地的原野、森林和落日余光中感受大自然的美丽。发展和能力，优点和效率是我们的目标。为了做到最好，我们要保持健康强壮。如果我们像无头苍蝇一样瞎忙活，这些都是不可能实现的。

如果你重获乐观的精神，会有回报吗？

在清泉中汲取力量，会有回报吗？

提高你的创造力，发挥你的独到之处，会有回报吗？

不断提高自己的业务水平和专业水平，会有回报吗？

不断锻炼身体重获自信，会有回报吗？

摆脱先前战役的伤疤和污点，会有回报吗？

一个清醒活力的头脑是不是比一个疲惫不堪的更能协助你做好工作？

把僵硬软弱的肌肉换成强健柔韧的，会有回报吗？

当你找到生活新的立足点，让你的工作能力翻倍，会有回报吗？

当你热血沸腾在亘古的山峦吸收花岗岩的精华，会有回报吗？

当你年轻的心重获轻盈与热情，会有回报吗？

当你通过啜饮山间的补药，尽力跟随良知的步伐，会有回报吗？

摆脱精疲力竭的状态去吸引朋友而不是排斥他们，会有回报吗？

摆脱紧张的都市生活中狭隘的偏见、愤慨和嫉妒，会有回报吗？

让自己的生活更加舒适和幸福，更加光明乐观，会有回报吗？

尽最大的努力享受我们所拥有的健康和活力，并努力提高，会有回报吗？

培养自己的观察力，学习去读那些"从小溪中流淌着的，岩石中传说布道的，给一切都带去美好"的书，会有回报吗？

在生活融入美丽，从小溪清脆、潺潺的流淌声中，在自然中千千万万的声音中获得平静与安详，会有回报吗？

做一个全面发展的人，有着广阔的视野是不是比一个仅仅是自动接收的机器，只是机械地运作了一年又一年要好得多呢？

花上几块钱去保持健康和幸福，去节约我们赖以生存的水源，是不是一项值得的投资呢？

让自己自由，在烦恼和困惑中解脱出来，让自己挣脱那些琐事，并开始集聚新的思想，会有回报吗？

远离城市中喧嚣的钢筋水泥，去乡村呼吸新鲜空气，让自己彻底放松，尽情沐浴在充满活力的郊外，刷新自己，会有回报吗？

带着希望去做事而不是让自己像一个工作的奴隶被逼迫着工作是不是更好呢？去让自己更加强健，有生命力，给自己足够的安全感，更加乐观比经受那些纠结虚弱、毫无效率、悲观失望的生活要好得多吧？

通过每年的年假，节省你二十分之一的收入然后存起来和下一年的二十分之一——起储蓄，来支付以后可能生病的账单以及作为失业时候的保障，会有回报吗？

努力工作、仿佛整日黏着工作的人，把自己天天关在办公室里的人，放松一下，把身心俱疲的心灵和紧张的神经放松下来，这样那些令人焦躁的情况被令人愉悦的感动代替，会有回报吗？

30

刷新你的工作——

工作为什么会沉闷？因为你只会用沉闷的方式工作

创新会给我们的作品增添不可言喻的趣味，不管这个作品是什么，如果一本书没有什么独创性和启发性也没有意思。如果我们看到书中有大量兢兢业业的笔记我们也不会管它；这些都不会引起我们的注意。这和一幅画、一座雕塑、一首歌、一首诗或者其他类似的作品一样，如果作品缺少创新，我们没必要拥有它。但是如果这本书、这幅画或者这首诗朝气蓬勃，让我们的生活悸动，给我们的生活带来了清新和方向，哪怕正好花朵正在绽放，我们也会在灵魂深处享受。

很多人的工作都非常陈腐、劳累，这也是困扰他们的地方。工作中缺少生机和活力，而充斥着疲乏，身体精疲力竭。我们很容易就能捕捉到一个作者在他的作品中，字里行间写着疲惫。也能看到一幅画中不那么和谐的颜色，画家在画布上画出的轮廓缺少创造性。这都是因为大脑过度疲惫或者被艰苦的生活削弱了感知，都说明了被自卑迎面沉重一击。

这在结果上让这个世界充满不同，你想想你是否每天精神抖擞地工作，把所有东西准备妥当；你是否能全身心投入到工作中；你工作起来是像一个巨人还是像一个侏儒。大部分人仅仅用一小部分的自己去工作，而把大部分的精力都浪费在了无规律的生活、饮食和睡眠不足的坏习惯上了。每天早晨，他们没有全身心投入工作，而仅仅用一小部分的自己生活工作，而大部分的自己游离在工作之外。他们想要享受生活，但是他们只能给自己最重要的表现带去衰弱而非力量，带去冷漠迟钝而非热情警觉。那些早晨投入工作的时候疲惫不堪、没有条理的人，肯定无法高效饱满地完成一天的工作。如果他一年中的生活都如此糜烂，他怎么能期望自己的事业得到全面提升？

好的工作不仅仅关系到毅力，其实常常会被低沉的身体状态损害。工作的质量，哪怕每一个员工、每一个会议，甚至你的每一点能力，肯定会受到你的身体和心理状态影响，无法达到一个高水平状态。不管是做一本书还是卖一本书，不管是当老师还是当学生，不管是唱歌或是画画，不管是雕塑还是挖战壕，你可能都会时不时受到工作中突如其来的软弱的侵扰。

美丽是新鲜的孩子。没有一个处在低潮时期的艺术家，带着身心疲惫能够创作出能够取悦人或者流芳百世的作品。没有一个艺术领域、文学领域或者其他领域的专家，在他状态不佳的时候能够为这个世界做出贡献。

　　很多作家、艺术家和音乐家或者其他行业的人，都会在他们的低潮期产生怀疑，当他们知道他们的创作正在走下坡路的时候，这在理想状况跌落的时期，引起了水平的下降。就是因为他们没能让自己焕然一新、充满活力。人们或许会疑惑，为什么当他骑了一天的马，不让它休息，不给它食物，不让它喝水，拿鞭子和马刺驱赶它，晚上它应当跑不快或者步履不再柔软有弹性就像早晨出发一样。

　　什么样的歌手可以称为伟大的歌手？一位首席女高音努力工作一天，没有休息，却仍然像前一天一样光鲜亮丽地站在观众面前，即使扮演了最难的角色仍然高水准地凯旋，我们都会觉得她一定是疯了。我们应当认为每一位有常识的女性都应当在这种场合努力把自己的身心状态保持在最高水平。我们都希望她可以照顾好自己，睡眠充足，避免过度亢奋或者忧虑及其他身心的耗散，这些都会损耗她的精力和能量，所以她可以以一个焕然一新的状态重新投入到工作中。

　　这就是我们应当在自然情况下准备重要任务的状态。让你的大脑、神经、肌肉都呈现最好的状态，这样你就能做高强度的工作，那种真正不朽的工作。当我们的状态低迷、精神不振的时候，当我们垂头丧气、绝望忧郁的时候，我们不会创造出值得流传的事物。我们的作品中没有不朽，而死亡却无处不在。

　　使自己的状态保持在一个高水平上是一个人在工作上的职责，这样我们才能让自己用全身心的热情投入到任务当中去。这时候我们的生活才有了意义。

曾经有一个人在分析自己为什么不成功，在他的职业生涯中随处可见的失败昭示着睡眠不足、缺乏户外运动、缺少多样的娱乐活动，不规律的生活习惯成为他生活的主旋律。

那些想要得到生活到极限的年轻人，就要在自己的工作中树立最高标准。时刻保持精神饱满，充满热情和活力直到最后，形成规律的生活习惯。

你的状态下滑时，标准也随之下降。生理和心理状态的下滑造成的破坏立即会显现出来。

每一天的工作应当是生活中最重要的事情。我们应当像那位首席女高音准备带给全世界观众最动人的演出一样准备一天的工作，这样我们的工作就会充满活力、焕然一新。我们的生活从而也将充满荣耀，整个世界也因为我们的努力被照亮、被改变。

31

家庭和工作的隔离带——
不要把你工作中的烦恼带回家

　　一个经验丰富的法官说，婚姻破裂的女性向他抱怨婚姻中最大的不满就是她们的丈夫忽略她们以及家庭，把所有的心力都交给了工作事宜，在家里仿佛就是一个粗鲁的"野兽"，她们这些"天使"无法和他们享受家庭生活的幸福。

　　我们都知道，那些在酒吧里脾气平和、积极向上的男性其实到家就会摇身变成纠结狭隘、难以相处的人。他们仿佛认为自己有随意发泄坏脾气的"免罪金牌"，并且只属于他们自己。如果某个人在白天中伤到他们，他们就会回到家里找平衡，粗鲁地对待家庭成员。所以你会看到很少有男人在家里喜气洋洋。他们把阳光的一面表现给外面的世界，而把那些阴郁、苦闷、伤心全部带回家里，让家庭帮助他们消化。他们的到来仿佛给家里传达了一个可怕的噩耗。很多男人就这样把妻子在家里营造出和谐氛围的努力挫败得一点不剩，他们把笑脸给外人，而把一副尖酸刻薄、吹毛求疵的臭脸对准家人。

想象一下那些一到家里就对深爱他的妻子咆哮的男人吧，即使是男人的错误，即使妻子在家待了一整天来照顾孩子，即使一整天都在做无休无止、枯燥无味的家务。妻子一直尽最大的努力为了她的小宝宝和丈夫把家里打造成世界上最干净舒心的地方，等待丈夫的归来，但是令她心灰意冷的是，她迎接到的竟然是一张憔悴冷漠、疲惫不堪、满腹牢骚的脸庞——仅仅是因为他的业务出了一些问题，他一进门就大声嚷嚷，仿佛这就是他的问候；把孩子们赶到一边，尽快投入到报纸和书中仿佛找到了避难所。然后他还会觉得奇怪，为什么自己家里就不能再和谐一点，为什么他的妻子就不能再体谅他一点，为什么他的孩子就不能在看到他的时候像以前一样活泼快乐。他们有些人甚至抱怨他们的家和自己气场不合，如果他们能在家里得到更多的鼓励和支持，享受到更多他们渴望的和谐氛围，他们就会更加成功。

我亲爱的朋友，你到底做了什么能值得这样的和谐、爱戴和鼓励？你有没有意识到，这就相当于你把一个敏感的女孩儿从一个气场相合的和谐氛围中带入到一个陌生的家，用嘟囔或咆哮问候她，给她一副仿佛收集了全世界的恶心嘴脸？你有没有好奇为什么这样温柔积极的心在遇到你的冷漠以后立马泄气？你想不想知道为什么你的孩子对你的情绪非常敏感，宁愿他们自己和其他孩子玩耍也不想和一个永远没时间的人一起玩？他们宁愿自己玩也不会和不会爱抚他们，只会把他们从膝盖上赶下来的父亲玩呢？你作为一个父亲，为什么你的女儿变得不那么喜欢你了呢？为什么他们除了一个粗暴的"晚安"和让你替他们交上四分之一寄宿制学费之外，一点也不了解你了呢？因为你没有花时间去经营你的家庭。很有可能当你的儿子和女儿在长大的过程中慢慢有了自己的朋友圈子和密友，你会越来越少见到他们，可能你都没有你的邻居了解孩子们。

孩子们天生就像小猫一样爱玩耍。他们不知道你的生意场上有什么麻烦。当他们看到你回家了，自然会把你当作新的游戏伙伴，是来自神秘"市里"的新伙伴。他们想象不出什么比玩耍更加重要，而你也不会像他们一样贪玩。你想要让生活的压力离他们远远的，这样才会让他们自由发展，他们的心也会对生活中高贵的事情更加敏锐积极，这将对他们以后的发展影响深远。

哦，究竟有多少父亲把孩子们不断冒出的新点子打碎，让他们在小时候就越来越像大人一样生活。当孩子们知道他们的父亲并不是他们的游戏伙伴时，他们将多么失望，到那时候，他们将不会渴望父亲回家一起玩耍，享受快乐的时光。那时，孩子整天听到父亲说"不要那样"或"走开"的时候将会变得沮丧和心碎。这时候他所有的天性和玩耍的热情也将被瞬间浇灭。于是他就变得早熟且尖酸，愤世嫉俗又悲观。一个孩子始终有着悲愤焦虑的感情，那些苦恼都深深刻画在了他的眉宇之间，本该笑靥如花，却满脸苍白，有比这更悲哀的画面吗？成熟和关心与幼稚的嘴脸有什么关系？整日担心和忧虑未来和童年又有什么关系？父亲们，你们想象不到，当你们不再和孩子们无忧无虑地玩耍的时候对于孩子的童年有什么影响。如果你们还那样做真是太残忍了。

如果乐观一直交织在孩子们的生活中直到他们长大，那么在以后的日子中，孩子们陷入悲观的情况将会非常少。未来中理想的父母不会让恐惧、焦虑或是担心在孩子们的童年中留下丑陋的印记。而阳光、甜美、美好、欢乐和爱将会完全主宰未来的家庭，驱散那些阴霾、异调，以及幸福的成千上万的敌人，这才是作为父母最重要的使命。

啊！牢骚满腹的男人，你知道家庭的欢乐来自付出和索取，而不是只是单向付出。你不能总是期望你的妻子和孩子每晚总是充满欢乐来驱散你的别扭、纠结、不满和令人生畏的心情，人们的天性就没有那种机制。假设你一回到家就看到你的妻子像你一样绷着一张沮丧泄气的脸，你怎么想！每天晚上当你一到家，满耳朵都是妻子对她白天遇到的麻烦的碎碎念，什么仆人啊，无聊枯燥的家务啊，你怎么想！如果天天迎接你的是这个，你将不再想要回家。一个模范妻子或母亲都会把这些不开心的小事情向丈夫隐瞒起来，她知道他不想被这些琐事打扰或烦恼。她希望每天用活泼的笑脸来迎接丈夫的归来，所以他的家仿佛是世界上最最温馨惬意的地方。

如果你想得到阳光，那你就要散发阳光。你不能吸收阳光后报之以阴郁愤怒。交换比率不是这样计算的。你的家就是你的投资，你想要从中获取什么，那你就要带着满满的"利率"去付出什么，如果你投资的是尖酸刻薄，那你不会收获满满的幸福美满、宁静安祥的"红利"。家就是幸福的银行。如果你存入假币，那按照规则你就没法取出真币。家也像个回音廊，回声是根据你的原声来返回的。家也像面镜子，你脸上是什么表情，你也会看到镜子里的人对你是什么表情。如果你愁容满面，镜子里的表情也愁容满面；如果你喜气洋洋，那镜子里的人也会喜气洋洋。除非你为家庭投入开心幸福，否则你是无法收获幸福美满的。

不仅仅是你的"家庭账户"，还有你自己的"个人账户"，你的心不应当时时刻刻装着工作。弓总是满弦肯定会失去弹性。所以你不能总是在回到家的时候还是一副箭在弦上的样子。如果一个人天天想着他业务上的事情，会削减他的能力，会让他失去自己轻松"小憩"，永远无法让人恢复体力，充满力量。然后他就会变得狭隘自私，他的同理心和仁爱之心会萎缩衰退。家庭的和睦会让一个人更加强大，并扩大他的同理心，增益那些他在充满压力的工作中已经被埋没的素质。

如果你要在闲暇时间实践，让你自己完全放松下来，和孩子们度过真正的游戏时间，或者和家人一起参加社交活动，不管明天将发生什么，下定决心一定要在今天晚上享受美好的时间，这样你会发现自己第二天在商场上或教学舞台上的状态更加饱满。你会感到更加轻盈更加强壮，处理事务也更有弹性，对人也更有亲和力和耐心。这样你的工作也变得轻松，比你总是在家依然一味地思考要好得多。

你的公务发展状况又不在你的完全掌控之内，所以你总是杞人忧天，把工作带到家中只是在浪费那些能够改善不良条件的能量和智力，而只能担心和烦恼那些家人无法帮助你的事情。

如果你想要塑造一种习惯，就是晚上在办公室就把倔强、纠结、丑陋、挑剔、唠叨和担心锁起来不带回家。这样，不管你的事业如何，你的家庭都将是成功的，将是对你和家人来说这个世界上最幸福美满、最干净整洁的地方。最后你会发现一个比你在商场上任何一个投资都高明的决定。

和睦的家庭是你商业才能的反射，你不能在业务中生存。你蹩脚的幽默感就是对你妻子忏悔你的脆弱，以及你无法胜任现有局势和紧急情况的无能。女性天生崇拜那些有力量、有能力、有效率并充满战斗力的男性。她们崇拜的男性不仅能维持生存，而且还能让生存没有压力、烦恼、忧虑或担心。当你总是把工作事宜都带回家的时候，你的妻子已经看轻你了。

　　这并不意味着，你要让你的妻子对你的工作一无所知。每个男人都应当和自己的妻子谈谈自己的工作，让她知道你的工作现在具体是什么状况。很多男性会因为当初不让自己妻子知道现阶段拮据的情况和下滑的业绩感到后悔，即使是他现阶段由于财政压力无法满足妻子的要求。一个好妻子如果知道了丈夫现阶段的情况以及她能做什么，解除男性工作上的麻烦的能力是惊人的。她的经济状况、统筹能力会给到他恰当的支持；她的同理心会让他减轻痛苦，更有勇气面对琐事和困难。古往今来，人们一直谈论妻子在丈夫工作逆境中产生的作用，比如让他们对家庭的态度回心转意，让生活不那么悲惨从而不受到责备等，都是影响显著的。

　　保持好的心情，就是那种对每一个人都心存善意的心态。乐于助人、不自私自利的精神，也应当时时呈现在家里。家是世界上最神圣的地方。丈夫应当把这里当作商业风暴、生活艰难的避风港，这是一个能够躲避骚乱的地方，一个能够找到平静和寄托，满意和富足的地方。这应当是他日日向往不愿离开的地方。

　　记住：家庭的失败比事业的失败更加狼狈不堪。

32

我们慢慢衰老是因为我们对如何保持青春知道得还不够

年龄从来不能保持人们的外表和心态的年轻，直到人们把心灵化妆成看起来没有岁月痕迹，直到他们坚持持续的心灵建设不让身体老态龙钟。我们开始在年轻的时候就播种年轻的思想的种子。我们都期待自己人到中年仍朝气蓬勃，而事实上身体状况却在那时候开始急剧下滑。

最好的对抗变老的方法就是拉紧生命的缰绳。就像乔布说的："我最怕的事情（变老）正在朝我走来。"那些一直在日常生活中预料、恐惧变老的人通常都会在最后就这样变老了。

通常你都会听到很多理念。不要让你自己总是想你现在年纪太大已经不能做这做那，因为你一旦这样想，你在潜意识里就会勾勒出你满脸皱纹的脸庞和提前衰老的表情。没什么比"我是我所想"更能塑造我们自己了。

不要压抑自己的热血充满年轻态，因为只是你自己认为你年纪太大而已。最近，在一个家庭聚会上，男孩儿们想要让他们年过六旬的父亲和他们一起玩儿。"哦，走开，走开！"他说，"我现在年纪太大已经不能玩那些玩意了。"但是母亲加入了他们的游戏，和他们一样充满激情，玩得也很开心，仿佛她又回到了小时候。她眼中闪烁着年轻的光芒，并且在言谈举止中都在闪现。她和孩子们嬉戏解释了为什么她看起来比她的丈夫更年轻，尽管他们之间仅仅相差几岁。

永远保持你感受到的年轻态，多和年轻人接触，保持健康，多参与他们的兴趣、计划和娱乐活动。年轻的活力是会传染的。

当奥利弗·温德尔·赫姆斯在他八十多岁的时候被问到关于年轻态的问题的时候，他说，就是保持积极向上的性格，并且能接受生命中每一段时期的自己。我永远不会有痛苦的野心。因为就是这些烦躁、野心、不满足和忧虑不安让我们提前慢慢变老，在脸上刻画出岁月的痕迹。总是微笑的脸庞上没有皱纹。微笑是最好的按摩，知足常乐是滋润青春的清泉。

我们需要不断练习知足和亲切的性格，这不是惰性，而是在虚荣、忧虑不安的纠缠中解放自己，而这些也是我们生命中的绊脚石。谴责这种雄心壮志是显然的利己主义和虚荣的表现，而那些社会中的赞扬和崇拜，以及个人主义的强化都是人们追求的目标，而不是把这些当成一种力量去利用，成为人类的领袖，成为最高贵的、最好的、效率最高的工人。这种虚荣和不值得的野心造成的复杂是没用的，这只会纠缠我们的心灵，消磨我们的生活，让那么多人蹉跎了时光。简单的生活也可以变得非常富足、高贵、令人满意。

如果你身体健康，热爱工作，就保持下去。不要在你五十岁的时候放弃，因为有可能你觉得自己的各项身体机能在衰退，或者需要休息一段时间。那就随时都可以在需要的时候给自己放一个假，但是不要放弃你的事业。这就是生活，里面有我们的青春。"我不能变老，"一位著名的演员说过，"因为我热爱艺术。我把毕生的心血投入其中。我没有感到过任何无聊的时候。当一个人幸福的时候，不知疲倦地工作，精神昂扬的时候，他怎么会感到一把年纪，疲惫不堪？当我累的时候，那不是我的灵魂，而仅仅是我的身体。"

"我们不能看一个人的年纪，"爱默生说过，"除非他一无所有。"这不是说我们如何充分利用年龄，而是我们如何度过这些时间。任何过度的利用都不仅不会延长青春，也会影响寿命。

糟糕生活的痛苦回忆打乱了生活的节奏，让皱纹提前爬到脸上，扑灭眼中闪耀的光芒，让脚步不再轻快，让生活毫无生趣和价值。

我们慢慢衰老是因为我们对如何保持青春知道得还不够，而我们生病了，疾病侵身是因为我们并不知道如何保养得更好。生病是你对身体的忽略和错误观念导致的结果。当一个人不再有导致生病或衰弱的想法，也不自己引火上身，那疾病就不会来。如果一个人心态平和，照顾好自己，那他就不会生病。如果他心里充满了年轻态的观念，那么他就会比他的实际年龄要年轻。

如果你采用日晷的箴言——"我只记录阳光的时间"，你虽然肉体变老但心态仍年轻。不要担心那些黑暗的日子，忘记那些不开心的日子，只要记住那些充盈的经历，让其他的都坠入遗忘的深渊吧。

有人说："长寿的人就是那些充满希望的人。"如果你有美好的愿望，即使有挫折，即使一路困难，也要笑着迎接，这样岁月也无法在你的眉头找到岁月的皱纹。这就是在乐观中长寿。

不要让爱和浪漫溜走，他们是对抗皱纹的护身符。如果心灵一直沐浴在爱的长河中，对一切充盈着希望和仁慈，身体也会比那些因为自私、贪婪、冷酷无情而变得空虚干涸的生命更加轻盈、更有活力。一直被爱滋润的心灵永远不会被岁月冰封，更不会被偏见、恐惧或焦虑不安冷却。一位法国佳丽曾经一度晚上用羊脂按摩身体来保持肌肉的弹性和身体柔软。时尚界保持年轻活力的方法之一就是用爱、美丽、乐观和年轻的思想去按摩心灵。

如果你不想经受岁月摧残，那就大胆往前看，而不是往后看，让生命中充满各种各样有意思的事情和更多可能性。单一和缺少心灵慰藉是年轻态的杀手。在城市生活的女性，她们有各种各样的兴趣，来保持年轻的心态和姣好的容颜，仿佛定律一样，她们的寿命比那些在偏僻的乡村居住、生活单调、除了日常生活没有丝毫兴趣爱好、没有得到心灵的操练的妇女。精神错乱在农村的妇女呈多发态势，给生活单调的妇女敲响了警钟。经常在户外的农民即使在更为健康的环境中也比那些脑力劳动者的寿命短。

当雅典圣人梭伦被问到他保持力量和年轻的秘诀时，他的答案就是"每天学习新东西"。这也是古希腊公认的信条——保持永远年轻的秘诀就是"永远学习新东西"。

这只是这个真理的思想基础。让心灵和身体都锻炼保持年轻是非常健康的活动，让身心充满年轻的敏捷和弹性。所以如果你想要保持年轻，尽管岁月流逝，你也要保持一颗接受新事物的内心，让灵魂更加宽广，在人生越走越远的旅途中对新关系更加包容和开放。

但是年龄最伟大的征服者是乐观、憧憬和仁爱的精神。一个人如果想要对抗岁月必须拥有这样的品质。他会远离焦虑、嫉妒、怨恨和猜忌等一切心中卑劣得能让皱纹爬上眉头的品质，不会被它们蒙蔽双眼。一颗纯净的心灵，一个健康的体魄，一个健康、宽容的内心，在决心的支撑下不受岁月的侵蚀，构成青春的源泉，让每一个人都遇见新的自己。

33

跟我说"随它去吧"——

若能一切随它去，便是世间自在人

不要紧紧盯住那些阻止你前进、让你伤心的事了。

让烦恼和焦虑都随它去吧；

让嘲讽和烦恼都随它去吧；

让讽刺和恐惧都随它去吧；

让不安和艰苦都随它去吧；

让自私和无用都随它去吧；

让愚蠢和荒谬都随它去吧；

让虚假和低劣都随它去吧；

让紧张随它去吧，留下完美的仪表；

让肤浅随它去吧，让邪恶跛足，让虚伪折翼。

你会惊讶地发现世界更加亮堂，更加自由，更加真实，任由你去跑去跳，连目标都变得更加坚定。

如果你有一段不幸的经历，忘掉它。如果你在某次演讲、某次演唱、某本书、某篇文章中犯错，如果你曾被安排到一个尴尬的职位，如果你曾因错误的步伐跌落并伤到自己，如果你曾经被诽谤污蔑，不要握住不放。这些回忆中没有任何可取之处，而这些梦魇一样的回忆会夺走你大把快乐的时光。里面什么也没有，放下它们，忘记它们，把它们从你的记忆中永远地擦除。如果你因为曾经的不谨慎，因为曾经被嘲笑，因为曾经被中伤过，就觉得自己越不过成长这道坎，不要总拖着这些可怕的阴影和紧跟着你的吱吱作响的骷髅。把它们从记忆的层岩中抹去，忘记它们。重新掀开新的篇章，让你的精力专注于未来的美好生活。

把那些你做的和你没做的都解决掉，这样你就不会受到阴影的影响。你需要把那些阴影让位给阳光。下定决心不和无序有任何瓜葛，那些乱七八糟的事必须要从心灵驱赶出去。不管它们有多么顽固，从脑海中把它们擦除有多么困难，都忘掉吧。不要让这些小敌人——焦虑、凶兆、不安和后悔浪费你的精力，因为这是你日后有成就的资本。

一张阴郁的脸、痛苦的表情、焦虑的心、烦恼的心情就是你没有能力把握好自己的最好证明。这是你无法控制周围环境的软弱的证据和无能的忏悔。把它们赶走，让它们随风消散。控制好自己，不要让那些敌人骑在自己头上，你是国王。

"放弃你脑海中所有和病痛有关的想法。如果你需要做手术，让它滑到记忆的背景中，忘记它。不要一直想着它，不要谈论它。"

不管那些事多么烦心，多么惹人气愤，多么叨扰，甚至破坏了你心中的平衡，忘掉它，把它推出脑海。现在这些事已经和你没关系了。你应当利用好你的时间做好当下的事而不是浪费时间去后悔和担忧那些没用的小事。让那些垃圾随它们去吧。如果你屈服于它，那么在这场战役中你就输了。把阴郁都赶出你的脑海，就像你要把小偷赶出你的房子一样。面对你的敌人紧闭大门，不要打开。不要等待快乐来找你，去追求它，享受它，让它和你永远在一起。

一个沮丧的年轻作家说，当他在西部的时候，他曾经注视过那些草原上的奶牛，无法不羡慕它们。"我曾经经常唉声叹气希望自己是一头奶牛。""是什么让它们如此心满意足？"作家问农民。"哦，它们在享受那些反刍的食物。"农民回答。

我们很多人的烦恼就是，我们不会享受"反刍食物"——让那些疼痛、不安都随它而去，享受这个过程。我们不能忍受放手而去，我们一直喜欢节俭的家庭主妇，她们不能容忍把那些废物都扔掉，而是把这些没用的垃圾打成捆放到阁楼里。我们不能容忍放过我们的敌人，即使我们打开记忆闸门的时候随之而来的是烦恼、担忧和伤心，这些对我们一点好处都没有。

美国人不知道如何让事情翻篇。我们只是拉紧肌肉，绷起神经，把我们认为世界上最艰难的事情放进这个坑里。我们会担心忧虑，而不是平平静静、了无牵挂地带着业务上萦绕心头的梦魇去休息。

是药物的力量，乐观的家庭生活方面的力量，还是平静和谐的灵魂力量更大？

"我的很多年轻伙伴努力工作，我却很快乐，说实话，其实哪里的笑声越少，成就就越小。"安德鲁·卡耐基说。这些工作的人沉浸在工作的喜悦中，用笑声驱赶不适，那么这个人肯定会有所成就，因为我们能够轻易做到，我们喜欢去做，而且我们能做好。

我们大多数人背负了太多没用的愚蠢的负担，我们提着的垃圾没有什么实际的用处，却吸干了我们的力量，让我们筋疲力尽到失去目标。如果我们能够只对值得的事情上心，把那些没用的事情放下，让那些愚蠢的、一文不值的障碍、束缚都随它们去吧！我们不仅仅要进步，还要让生活变得幸福、和谐。